키우던 매를 자연으로 돌려보내려면 어떻게 해야 할까?

날면서 하늘에서 자기도 하는 새는 누구게?

부엉이가 소리 없이 나는 이유는?

부리가 큰 새는 어떻게 먹이를 먹을까?

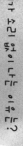

소리 없이 나는 올빼미 날개의 비밀은?

답은? 이 책에 다 나와 있지요~

새들은 정말 어떻게 날까?

새들은 정말 어떻게 날까?

야생의 매 "공주"를 키우면서 본 바람의 세상

| 존 테레스 지음 · 팻 아처 그림 · 이하응 옮김 |

지호

존 K. 테레스는 새에게 매료되어 거의 평생을 새와 관련된 일을 했다. 조류 전문잡지인「오두본 매거진」의 편집자로 오랫동안 활동했으며, 박물관의 조류관에서 일했다. 새에 대한 책들을 아주 많이 펴냈다. 〈정원의 노래하는 새들〉〈내 눈앞의 경이〉〈북아메리카 조류 백과사전〉 등의 대표작이 있다.

이한음은 서울대 생물학과를 졸업했으며 재미있는 과학책들을 찾아내서 우리말로 옮기는 일을 하고 있다. 〈핀치의 부리〉〈열대우림의 친구들〉〈개구리에게 최면걸기〉〈해변의 과학자들〉 등의 책들을 번역했다.

팻 아처는 새들의 깃털 하나하나, 매서운 갈고리 발톱과 비상하는 새들의 아름다운 순간을 강렬하고 섬세하게 잡아냈다. 평소에 보기 힘든 매나 독수리들의 그림이 아름답게 보이는 것은 모두 그녀의 애정이 담겨 있기 때문일 것이다.

새들은 정말 어떻게 날까?
존 K. 테레스 글 · 팻 아처 그림 · 이한음 옮김

How Birds Fly
Copyright ⓒ 1968 by John K. Terres
Copyright ⓒ 1966, 1967, 1968 by the National Audubon Society
The Korean edition published by arrangement with Stackpole Books Inc.
through PubHub Agency, Seoul. All rights reserved.
이 책의 한국어판 저작권은 PubHub 에이전시를 통한 저작권자와의 독점 계약으로 "지호출판사"에 있습니다.
저작권법에 의하여 한국 안에서 보호를 받는 저작물이므로 무단 전재와 무단 복제를 금합니다.

초판 1쇄 인쇄일 2004년 6월 10일
초판 1쇄 발행일 2004년 6월 14일

발행처 출판사 지호 **발행인** 장인용 **출판등록** 1995년 1월 4일 **등록번호** 제10-1087호
주소 서울시 마포구 서교동 410-7(1층) 121-840 **전화** 325-5170 **팩시밀리** 325-5177 **이메일** chihopub@yahoo.co.kr
편집 오지연, 천승희 **영업** 윤규성 **일러스트 채색** 오경희 **표지 디자인** 오필민 **종이** 대림지업 **인쇄** 대원인쇄 **제본** 경문제책

ISBN 89-86270-96-x

"공주"에게, 그리고 새와 함께 하늘을 날고 싶어하는
모든 사람들에게 이 책을 바친다.

두루미 같은 철새들은 날고 또 날며,
그 크고 작은 머리 속에서 무슨 생각을 하고 있든 간에
계속 날아갈 것이다.

안톤 체홉, 〈세 자매〉

차례

솔로몬의 궁금증

성경에 나오는 솔로몬 왕은 독수리가 어떻게 하늘을 나는지 알아내려 애썼으나 끝내 풀지 못하고 수수께끼로 남겨 두었다. 지금의 우리는 적어도 새가 어떤 식으로 하늘로 날아오르는지 정도는 알고 있다. 강하고 튼튼하면서도 "깃털처럼 가벼운" 유연한 날개, 몇 시간이고 지치지 않게 날개를 움직여 주는 커다란 가슴 근육, 체중을 줄여 주는 속이 빈, 그러나 무지무지 강한 뼈가 있기 때문에 새들은 멋지게 하늘을 날 수 있다. 그리고 우리는 공기의 특성에 대해서도 알며, 조건이 맞으면 새, 곤충, 비행기까지도 공중을 날 수 있다는 것도 안다.

하지만 아직 우리는 알아야 할 것들이 너무나 많다. 전문적인 비행 기술이 아니더라도, 새는 아름답고 우아한 생물이다. 날개를 갖고 있기에, 새들은 자유와 독립에 대한 갈망과 탈출하고 싶은 인간의 욕망을 상징하는 듯하다.

저자 존 테레스는 평생 새를 비롯한 야생 동물들을 가까이에서 관찰해 온 사람이다. 이 책에는 그가 『오두본 매거진』의 편집자로 일하면서 모으고, 여러 책들에서 얻은 온갖 정보들과 재미있는 이야기들이 그의 폭넓은 경험과 함께 녹아 있다. 무엇보다도 그는 하늘의 주인인 독수리와 매에 매료된 나머지 새의 비행을 연구하고픈 열망에 청춘을 바친 사람이다. 이런 그의 집념이 이처럼 멋진 책으로 독자들에게 선보이게 되었다.

　이 책은 어떻게 보면 소설 같기도 하다. 저자가 새끼 때부터 기른 "공주"라는 매가 조금씩 자라 하늘을 누비고, 사냥을 배우고, 그리고 다시 야생으로 돌아가는 작별의 순간까지, 마치 한 편의 단편소설을 읽는 것 같다.

　저자는 보통 사람들이 만나기 힘든 거대한 새들의 이야기도 흥미진진하게 들려 준다. 바다 위를 날아 다니는 알바트로스, 물속을 가르며 헤엄치는 펭귄의 비행까지 폭넓게 다루고 있다.

　늘 되풀이하는 말이지만 자연은 경이로 가득하다. 우리는 그저 거기에 황홀해 할 준비만 하면 된다. 우리 손목을 이끄는 저자의 손짓과 이야기에 귀 기울일 준비가 되었다면, 망설이지 말고 이 책을 펼쳐라.

미국 자연사박물관 조류학과장

딘 애머던

나는 걸음마를 뗄 때부터 새에게 반했다

거의 매일 나는 "공주"가 내 바로 내 앞에서 날아다니는 모습을 지켜보았다. "공주"는 내가 새끼 때부터 돌봐온 야생 매에게 붙여 준 이름이다. 그래서 이 책에는 공주가 자주 등장한다. 별 다른 이유는 없다. 그저 나의 공주가 어느 누구보다도 내게 헌신했기에, 내 평생 봐 온 다른 어떤 새들보다 공주를 제일 잘 알고 있기에 자주 등장할 수밖에.

이 책에 실린 새들의 비행 모습 중에는 수천 마리의 새들을 관찰해서 얻은 결과들이 다 녹아 있다. 그 새들은 모두 새가 어떻게, 또 왜 나는지 조금씩이라도 내게 가르쳐 주었다. 공주를 통해 나는 새의 날개 모양이 비행과 관련이 있다는 것을 처음으로 알아차렸다.

모든 새들이 안전하게 잘 나는 것은 아니다. 판단 착오를 일으켜 재앙을 맞이하는 새들도 있다. 또 어찌할 수 없는 자연적인 사고로 피해를 입는 새들도 있다. 미국 동북부에는 산맥 위를 낮게 날다가 하강하는 강한 기류에 갑자기 휘말리는 철새들도 있다. 그렇게 되면 그 새들은 빠져나가지 못하고 그대로 산비탈에 부딪히고 만다. 그 지역 산비탈에는 그렇게 추락한 새들의 시체들이 바람에 떨어진 낙엽처럼 흩어져 있다. 어떤 매는 산토끼를 향해 쏜살같이 하강하다가 너무 밑으로 내려오는 바람에 땅에 부딪혀 날개가 부러져 꼼짝도 못할 지경에 이르기도 한다. 어떤 검독수리는 고압선에 충돌해 그 거대한 몸이 우지직 짜부라지면서 숯 덩어리로 변했다. 또 태풍에 휘말려 육지 한가운데 내동댕이쳐지는 바다새도 있다. 이렇게 곤경에 빠진 바다새는 약해지고 굶주려서 날아오르지 못한 채 서서히 굶어죽는다. 이들은 물 위에서만 날아오를 수 있기 때문이다.

하지만 그렇게 사고를 당하는 새가 한 마리라면, 평생 또는 적어도 둥지를 짓고 새끼들을 다 기를 때까지 안전하게 한 쌍의 빛나는 날개를 휘저으면서 날아다니는 새는 수백만 마리다. 새들이 나는 목적, 그리고 자연에 있는 모든 생물들의 목적은 바로 자손을 남기는 것이다. 자신을 닮은 후손을 남기는 한 새들은 지구에서 사라지지 않을 것이다. 그 어떤 것에도 구속되지 않은 채 눈부시게 하늘을 나는 새들의 비행을 볼 때만큼 즐겁고, 역동적이고, 의미심장한 삶의 자유를 느끼게 하는 것도 없다.

나는 공주가 나는 모습을 수백 번도 더 지켜보았다. 내가 그토록 오랜 세월을 새의 비행 연구에 몰두하게 된 것도 다 사랑하는 나의 매 "공주님" 덕분이다. 하지만 이 책에서 공주의 이야기는 일부에 지나지 않는다. 이 책은 드넓은 하늘에 난 길을 따라 전 세계를 오가는 새들의 짜릿하고 숨막힐 듯한 모험담이다.

존 테레스

나는 법을 가르치기

새는 날개가 자라면 누구나 날 수 있다. 좁은 통 속에 갇혀 자란 비둘기도
풀어주면 힘차게 날아오른다. 하지만 그건 그냥 하늘을 날아오르는 것일 뿐,
바람을 안고 땅에 착륙하기, 힘을 아끼며 하늘에 오래
떠있기 등 배워야 할 것들이 많다. 사람처럼 새들도
살아나가는 법을 끊임없이 배우고, 또 배운다.

공주가 사진 찍는 날

5월의 어느 화창한 오후, 나는 뒤뜰의 홰에 앉아 있던 공주를 내 주먹 위로 올려놓았다. 한낮이면 우리는 마을 어귀로 나가는데, 거기가 비행 훈련하기에 제일 좋기 때문이었다. 내가 사는 곳은 드넓은 초원이 대부분인 시골이었다. 공주 훈련시키는 일이야 늘 해 오던 일이긴 했지만, 이날은 무척 마음이 설레었다. 동네 사진사가 와서 공주가 나는 모습을 찍어서, 온 마을 사람들에게 보여주겠다고 했기 때문이었다.

　나는 가만히 내 주먹 위에 앉아 있는 공주를 바라보았다. 공주는 내가 만들어 준 홰(새가 올라앉을 수 있게 가로로 질러 놓은 가지) 위에 있다가 내가 장갑 낀 손을 내밀면, 녹슨 펌프에서 나는 삐걱거리는 소리 같은 울음을 크게 내지르면서 재빨리 내 손 위로 올라탄다. 지금 공주는 배가 고픈 상태였다. 그래서 자신이 날 준비가 되어 있으며, 비행이 끝나면 나올 먹이를 몹시 원하고 있다는 것을 내게 소리로 알리는 중이었다.

　검은 깃털로 뒤덮인 머리에서 새까만 두 눈이 반짝거렸다. 갈고리처럼 굽은 푸르스름한 부리 양쪽으로는 검은 수염처럼 보이는 긴 무늬가 나 있었다. 총알처럼 생긴 머리 양옆으로 넓은 어깨가 있었다. 강인한 등줄기는 꼬리까지 길게 뻗어 있었고 그 양편으로 접힌 날개가 도드라져 보였다. 가장

빠르게 나는 새들이 지닐 법한 날개였다. 날개는 아주 길어서 접힌 상태에서 봐도 꼬리 끝까지 닿아 있었고, 마치 벌린 가위처럼 양끝이 서로 교차하고 있었다. 장갑 낀 내 주먹을 움켜쥐고 있는 커다란 노란 발은 굵은 마디가 지고 단단했으며, 발가락 끝에는 바늘처럼 날카로운 갈고리발톱이 나 있었다.

이것이 바로 내가 사랑하는 공주의 모습이었다. 공주는 중세의 왕과 영주가 훈련시켰던 매들처럼 당당하고 사나운, 고귀한 매였다. 하지만 나는 공주가 애완견처럼 내 옆구리를 파고들며 웅크리거나, 내가 홰에 다가가면 신나게 날개를 파드득거리는 것 같은 온순한 모습에도 익숙하다. 우리는 처음에는 그저 먹이를 주고 받아 먹는 데 불과한 단순한 사이였지만 지금은 애정이 넘치는 사이가 되었다.

공주와 내가 사귄 지는 일 년쯤 되었다. 내가 매를 유난히 좋아한다는 것을 알고 있던 매사냥꾼 친구가 어느 봄날 내게 공주를 갖다준 뒤부터였다.

공주는 강을 굽어보고 있는 가파른 절벽의 튀어나온 바위 위에서 태어났다. 둥지에서 부모 매의 보살핌을 받고 자라고 있던 새끼였다. 공주는 함께 태어난 자매들과 함께 살았는데 그 바위 둥지에서 맨 마지막까지 남아 있었다. 다른 자매는 몇 시간 전에 둥지를 떠나고 없었다. 공주는 태어난 지 몇 주가 지난 터라 이미 날개는 다 자라 있었다.

나는 어미 대신 공주를 훈련시키는 일을 떠맡게 되었지만, 무슨 수로 나는 법을 가르쳐야 할지 도무지 감이 잡히지 않았다. 공주와 그 조상들은 파충류를 닮은 새들이 맨 처음 등장해 나무에서 나무 사이로 뛰어다니기 시작했을 때부터, 그러니까 약 1억 4천만 년 동안 비행이나 활강의 원리를 연습해 왔다. 내가 할 수 있는 일은 공주가 비행의 속도와 정확성을 높일 수 있도록 연습할 기회를 많이 주는 것뿐이었다.

아주 오래 전에, 나는 바위비둘기를 대상으로 한 어떤 놀라운 실험 이야기를 들은 적이 있다. 그 실험은 새들은 사실 나는 법을 따로 배울 필요가 없다고 말하고 있었다. 독일 과학자인 J. 그로흐만은 새끼 비둘기들을 좁은 관 속에서 키워 보았다. 관은 아주 좁아서 새끼들은 날개를 제대로 움직일 수가 없었다. 그는 나이가 같은 다른 한 무리의 새끼 비둘기들은 부모가 있는 둥지에서 정상적으로 자라도록 했다. 물론 이 새끼 비둘기들은 둥지에 있을 때부터 마구 파드득거리면서 날개 쓰는 연습을 할 수 있었다.

이 두 집단의 비둘기들이 날 수 있을 만큼 자라자, 그로흐만은 그 새들을 모두 탁 트인 곳으로 데려가서 공중으로 높이 던졌다. 실험을 지켜보던 사람들은 깜짝 놀랐다. 좁은 통 속에서 자란 비둘기들이 둥지에서 제약 없이 자란 비둘기들만큼 힘차게 날아올랐던 것이다. 그로흐만은 어린 새의 본능적인 비행 행동이 실제 나는 연습을 할 기회가 없어도 꾸준히 발달해 성숙한다는 것을 증명했다.

좀더 잘 날 수 있어

새들은 둥지에서 떠날 때쯤이면 날 수 있게 된다. 하지만 비행 실력을 갈고 닦으려면 많은 연습을 해야 한다. 내가 아는 한 친구는 오랫동안 캐나다의 한 보호 구역에서 야생 물새들을 연구하고 있다. 친구는 야생 새끼 오리들의 날개에 첫째 날개깃이나 비행날개깃이 완전히 자랄 때쯤 되면, 나는 본능도 성숙한다는 것을 발견했다. 친구가 돌보는 새끼 오리들은 본능적으로 잘 날긴 했지만, 필요한 장소에서 날고 내려오는 방법을 더 배워야 했다.

오리들은 물 위에 내려앉는 기술을 조금씩 조금씩 터득한다. 완전히 그 기술을 익힐 때까지는 너무 무겁게 주저앉는 바람에 물방울이 사방으로 튀기기도 하고, 내려앉으려던 곳을 지나쳐 엉뚱한 곳에 내리기도 한다.

또 새끼 오리들은 내려앉을 때나 날아오를 때 바람을 이용하는 법을 배워야 한다. 오리들은 바람을 등지고, 즉 "바람을 꽁지에 달고" 착륙하면 저만치 나동그라졌다. 내려앉을 때 바람을 안아야 이런 불상사를 피할 수 있다는 것은 경험으로만 배울 수 있었다.

나는 고등학교 육상 코치가 내게 달리기를 훈련시켰던 식으로 하면 공주가 나는 기술을 익히는 데 도움이 되지 않을까 생각했다. 즉 가능한 한 자주 날아 보라고 격려를 하는 식으로 말이다. 발목에 묶은 끈이 강한 날개(시속 160킬로미터 이상까지 속도를 낼 수 있다)의 뻣뻣한 비행날개깃에 손상을 입히거나 불편을 주지 않도록, 나는 공주의 양쪽 발에 젓갖을 묶었다. (젓갖은 사냥용으로 기르는 매의 두 발에 각각 잡아매는 가느다란 가죽 끈을 말한다). 그리고 양쪽 젓갖에 각각 50센티미터 길이의 가죽끈을 더 연결해서 높이 30센티미터쯤 되는 홰 받침에 묶었다. 이제 공주는 가죽끈 길이 만큼 홰에서 땅으로 뛰어내리는 연습을 할 수 있었고, 동시에 나는 공주가 달아나는 걸 막을 수 있었다.

야생 새들은 너나 할 것 없이 나는 것을 좋아하지만, 처음에 공주에게 연습을 시킬 때에는 꼼수를 써야 했다. 공주가 게을렀다는 말이 아니다. 그저 날고 싶다는 동기를 주고 싶었다. 그래서 나는 공주의 식욕을 이용했다.

본래 매사냥꾼은 배고픔을 이용해서 매를 훈련시키는데, 매가 배가 고프지 않을 때에는 절대 자유롭게 날도록 풀어 주지 않는다. 매는 배가 고프기 때문에 매사냥꾼의 명령에 조금씩 복종한다. 매는 그대로 따르면 보상이 있다는 것을 알게 되면서, 자신의 주인이 자신에게 무엇을 원하는지 알아차린다.

바람을 안고 내려앉는 법을 배우는 새끼 오리. 바람을 등지면 나동그라진다.

풀리지 않는 비밀

공주가 30센티미터도 채 날지 못할 때부터, 나는 녀석 앞의 땅에 미끼를 던져 놓아 공주가 홰에서 잔디밭으로 뛰어내려 그 먹이에 다가가도록 했다. 처음에는 공주가 갖고 날 수 없을 정도로 묵직한 것이 든 삼베 주머니 미끼를 썼다. 미끼인 삼베 주머니에 얇은 가죽끈을 꿰맨 뒤, 하루에 한 번 먹을 분량의 신선한 날고기를 그 끈에 묶었다. 그리고 살코기와 갓 잡은 쥐 같은 것들을 하루씩 번갈아 준비했다. 수리매류가 다 그렇듯이, 나의 매 공주도 육식동물이다. 공주는 매일 미끼를 받아 먹으면서, 그 미끼가 보이면 자신의 배고픔을 달래 줄 먹이가 있다는 뜻임을 터득했다.

공주가 더 강해졌을 때, 나는 공주를 살살 꼬드겨서 홰에서 미끼까지 짧게 비행을 하도록 유도했다. 물론 홰 받침에서 발까지 긴 끈을 묶은 상태에서였다. 그래야 비행 때 개가 달려들거나 낯선 뭔가가 갑자기 튀어나와도 멀리 날아가지 못할 터였다.

몇 주 지나지 않아 공주는 여전히 긴 끈에 묶여 있는 상태에서, 홰에서 미끼까지 60미터가 넘는 거리를 날게 되었다. 그쯤 되자 나는 이제 내가 공주에게 아주 강한 힘을 발휘하고 있어서 공주를 자유롭게 풀어 놓아도 괜찮다는 것을 알았다.

풀어 놓은 뒤에도 공주는 배가 고플 때 미끼가 눈에 보이기만 하면 마치 내가 건 마법의 주문에 걸린 양 나에게 다가왔다. 나의 공주는 들판과 숲 위를 드높이 날다가도, 내가 밑에 있나 찾아보기 위해 공중에서 몸을 돌리곤 했다. 나는 공주를 부르고 싶으면 미끼를 머리 위에서 빙빙 돌렸다. 그러면 공주는 번개처럼 다가왔다.

하루하루 지날수록 공주는 점점 더 강해졌다. 마을 어귀에서 비행 연습을 할 때도 점점 더 숙달된 모습을 보였다. 마을 사람들도 나와서 공주가 제비처럼 낮게 들판을 쏜살같이 왔다갔다 나는 모습을 지켜보면서 입을 쫙 벌렸다.

가끔은 나선형으로 빙빙 돌며 위로 치솟다가 드넓게 펼쳐진 파란 하늘의 작은 검은 점으로 보일 때까지, 아주 높이 날아오르기도 했다. 그러다가 거의 사라졌나 싶으면 다시 저 멀리 언덕 위로 긴 사선을 그리며 하강하곤 했다. 공주는 땅에 막 부딪히기 직전에, 다시 위쪽으로 선회해서 활시위를 떠난 화살처럼 다시 하늘 높이 솟구치곤 했다. 그러면 길 옆에 모여 구경하던 사람들 사이에서는 환호성이 터져 나왔다. 마지막으로 공주가 내 바로 앞의 풀밭에 던져놓은 미끼로 휙하고 내려앉으면 감탄의 박수가 터져 나왔다.

그것은 눈부시고 장엄한 성취였다. 공주도 자랑스럽게 여기는 것 같았다. 하지만 감탄을 자아내는 비행 말고도 공주가 내게 말하지 않은 뭔가가 있었다. 어떻게 공기를 정복

했는지, 강인한 수영 선수처럼 우아하게 물살을 가르고 나아가듯이, 어떻게 원하는 대로 공기를 다스릴 수 있는지가 내겐 여전히 수수께끼였다. 나는 언제나 공주의 비밀을 알고 싶어했다. 이제 이 5월의 오후에, 공주가 나는 모습을 처음으로 찍은 활동 사진들이 아마도 그 비밀을 알려줄지 모른다.

새들의 깃털

숲이나 습지를 따라 걷거나 산의 벼랑 밑을 걷다 보면, 수리, 매, 부엉이, 까마귀, 야생 칠면조 같은 새들이 털갈이를 하면서 떨어뜨린 깃털을 땅에서 꽤 많이 발견할 수 있다. 나는 이 깃털들을 감상하고 희미하게 풍기는 달콤한 냄새를 음미하기 좋아한다. 그리고 모양을 살펴보고 단단하지 부드러운지 만져 본다. 그런 것들을 통해 새가 하늘을 날거나 활공할 때 그 깃털들이 어떻게 쓰이는지 꽤 많은 것을 알아낼 수 있다.

거의 모든 어른 새들은 매년 한 번씩 낡은 깃털을 버리고 새로운 깃털로 몸을 감싼다. 매, 부엉이, 딱따구리, 어치, 솔새, 참새 같은 새들은 한 번에 몇 개씩 천천히 비행 깃털을 간다. 그래서 털갈이를 할 때에도 날아다닐 수 있다. 그렇지 않다면 먹이를 뒤쫓거나 적에게서 달아날 때 날 수가 없을 것이다.

하지만 오리, 기러기, 고니, 물닭 같은 많은 물새들은 번식기가 끝난 직후에 한꺼번에 깃털을 간다. 물에서 지내기 때문에 그렇게 해도 안전하다. 그들은 날지 못하는 서너 주 동안에는 물 속에서 먹이를 사냥하거나, 물풀 사이로 숨거나 잠수해서 적을 피한다.

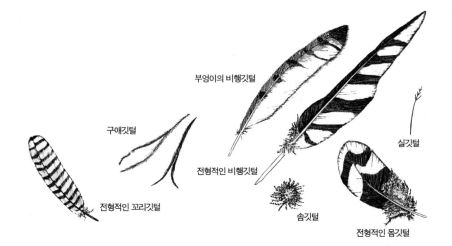

구애깃털

부엉이의 비행깃털

실깃털

전형적인 비행깃털

전형적인 꼬리깃털

솜깃털

전형적인 몸깃털

매의 사냥 본능

야생의 매는 본래 훌륭한 사냥꾼이다.
이들의 사냥 본능은 누가 가르치지 않아도
자연스럽게 터득되는 그런 것이다.
공주의 첫 사냥을 지켜본 짜릿한 순간들.

절대로 몸에 손대지 마!

화창한 5월 오후에, 초록빛으로 물들고 있는 목초지를 가로질러 갈 때만 해도 나는 우리 앞에 두 가지 사건이 동시에 펼쳐지리라고는 생각도 못했다. 사방은 온통 인동덩굴 향기로 가득했고, 멀리 보이는 숲은 새로 돋아난 연두색 잎들로 뿌옇게 뒤덮여 있었다. 우선 나는 동네 사람들에게 길 옆에서 벗어나지 말라고 부탁했다. 매가 날 때 근처에 사람이 너무 많으면 누가 누군지 혼동해서 내가 부를 때 제때 돌아오지 않을 수 있기 때문이었다. 사진사만 나와 함께 초원 한가운데로 갔다. 그는 신중하게 거리를 재더니 촬영할 자세를 취했다.

나는 공주가 앉아 있는 장갑 낀 왼손 주먹을 가슴 앞으로 들어올렸다. 그리곤 오른손으로 짧은 가죽 젓갖에 묶어둔 고리와 가죽끈을 풀어 공주가 마음껏 날 수 있도록 했다. 매사냥꾼은 매와 관계를 끊는 게 아닌 한, 자기 매의 다리에서 절대로 젓갖은 떼어내지 않는 법이다. 젓갖은 몸을 건드리지 않은 채 매를 붙잡을 수 있고, 매가 땅에 있는 미끼나 먹이에 접근할 때 다시 묶어 놓을 수 있는 유일한 수단이다. 매가 젓갖에 연결되어 있는 한, 매사냥꾼은 언제든지 다시 매를 불러들일 수 있다.

매는 주인이 자기 몸을 잡으면 무서워하고 화를 낸다.

또 이런 행동은 매의 거센 자존심에 상처를 입히는 꼴이 되며, 매는 다음번 자유 비행이 끝난 뒤에 매사냥꾼이 다가오면 멀리 달아나 버린다. 그러면 매사냥꾼은 매를 영원히 잃게 되는 것이다.

　나는 천천히 공주를 내 머리 위로 높이 들어올려 강한 서풍을 등지도록 했다. 새들은 날아오를 때는 바람을 등지고 내려앉을 때는 바람과 마주하는 걸 좋아한다. 그렇게 해야 땅에서 떠오를 때나 착지할 때, 바람에 나동그라질 수도 있는 중요한 순간에 자신의 몸을 더 잘 추스릴 수 있다.

　공주는 몸을 앞으로 기울여 머리를 낮추고 양옆에서 날개를 약간 벌리며 뻗었다. 공주는 한순간 몸을 웅크렸다가 발로 내 손을 세게 누르면서 하늘로 뛰어올랐다. 곧이어 공주는 내 손 바로 위쪽에서 빠른 날갯짓을 한 번 하더니 바람을 타고 올랐다. 육지새들은 대개 단단한 홰에서 이런 식으로 날아올라 공중에 뜬다. 만일 땅 위에서 바로 날아올라야 한다면? 그때는 처음 몇 번 수평 자세에서 날갯짓을 할 때 날개가 땅에 긁히지 않도록 충분히 높이 뛰어올라야 한다.

　공주는 날개와 발, 둘 다 사용해서 위로 뛰어 올랐다. 공중으로 떠오른 뒤 공주는 수평 자세를 유지했다. 그러다가 양 날개를 몸보다 아래쪽으로 깊숙이 내리고 격렬하게 날갯짓을 하면서 땅에서 3미터쯤 곧장 치솟았다. 공주가 내 손에

하루하루 나는 모습이 점점 더 멋있어지는 공주

서 벗어나자마자, 나는 어깨에 걸치고 있던 가방 속으로 손을 넣었다. 나는 그 안에 숨겨둔 미끼를 움켜쥐었다. 하지만 바로 꺼내진 않았다. 좀더 기다리기로 했다.

공주가 초원 맨 끝까지 갔다가 하늘로 치솟아 오르기 시작하는 게 보이자, 나는 공주를 향해 소리를 질렀다. 그런 다음 미끼를 홱 꺼내 머리 위쪽으로 빙빙 돌렸다. 공주는 그것을 보았다. 공주는 한쪽 날개를 아래로 내려뜨린 채 빠르게 빙 돌았다. 공주가 선회할 때, 나는 꼬리가 아래쪽으로 내린 날개와 같은 방향으로 휘어져 있는 것을 볼 수 있었다. 공주는 선회를 잘 할 수 있도록 부채를 펼치듯이 꼬리 깃털들을 넓게 펼치고 있었다.

새들은 꼬리를 정말 잘 활용한다. 어떤 새들은 꼬리를 이용해 날면서 빙빙 돌고, 몸을 뒤집은 채 날고, 심지어 뒤로 공중제비도 넘는다. 대부분의 새들은 불안정한 홰를 붙들고 있을 때 균형을 유지하느라 날개를 푸드덕거림과 동시에 꼬리를 위아래로 움직인다. 예전에 황조롱이 수컷을 한 마리

키운 적이 있었는데, 그 새는 뒤뜰에 걸려 있는 느슨한 전깃줄에 몸을 앞뒤로 기우뚱하면서 위험천만하게 앉아 있곤 했다. 하지만 한 번도 떨어진 적은 없었다. 꼬리를 위아래로 빠르게 퍼덕거리면서 용케 제자리를 지켰다.

공주는 선회한 뒤 믿을 수 없는 속도로 나를 향해 돌진해 왔다. 조그마하던 몸이 몇 초 만에 커다랗게 보였다. 공주의 검은 양 날개는 마치 언월도처럼 양편의 공기를 자르면서 다가왔다. 검은 두 눈은 똑바로 내 눈을 바라보고 있었고, 목 양옆으로 대담하게 나 있는 수염 같은 검은 깃털도 보였다.

나는 미끼를 점점 더 빨리 돌렸다. 갑자기 공주가 내게 들이닥쳤다. 나는 공주가 미끼를 움켜쥐기 위해 발을 앞으로 뻗으면서 덮칠 때 미끼가 내 등쪽에 가 있게끔 속도를 조절했다. 그런 다음 풀밭으로 휙 집어던졌다.

공주는 나를 지나쳤다가 짧게 선회해 또 다시 몸을 돌렸다. 나는 미끼를 잽싸게 집어들었다. 그리곤 다시 머리 위로 돌리자 공주도 다시 덮쳤다. 나는 공주가 미끼를 거의 움켜쥐기 직전에 다시 휙 집어던졌다. 이것은 우리가 즐겨하는 훈련 놀이였다.

공주는 검은 화살처럼 바람을 안았다가, 다음에는 바람을 등지곤 하면서 초원

내가 미끼를 돌리자 공주는 쏜살같이 내게 달려왔다. 한쪽 날개만 밑으로 늘어뜨리고 몸을 돌려 하강하는 모습.

29

전체를 이리저리 오락가락했다. 하지만 언제나 내게로 돌아왔다.

처음에 공주를 훈련시킬 때는 이렇게 날개를 강화하는 놀이를 하고 있는데, 공주가 그만 갑자기 싫증을 냈다. 배가 몹시 고픈데다 인내심이 바닥난 모양이었다. 벌써 공주가 멋지게 미끼를 덮칠 때마다 나는 그것을 수없이 집어던지고 한 상태였다. 공주가 좀더 오래 날도록 하기 위해, 나는 미끼를 윗도리 속에 감춘 뒤 공주가 다가올 때 몸을 낮춘 채 등을 돌리고 서 있었다. 그러자 공주는 나를 스쳐 지나치지 않고 내 등으로 달려들어 내 머리로 내려앉았다! 길 옆에서 구경하고 있던 동네 사람들이 깔깔거리며 웃어댔다. 공주가 내 어깨로 폴짝 뛰어내리자, 나는 미끼를 꺼내 마음껏 먹게 했다. 그날 훈련은 그렇게 끝이 났다.

본능은 가르치는 게 아냐

공주는 열 번 날았다. 나는 충분히 낮게 날 때까지 공주가 미끼를 열 번이나 그냥 지나치도록 했다. 그 와중에도 나는 카메라가 윙윙 돌아가는 소리를 계속 듣고 있었다. 공주에게 너무 몰입하다 보니, 거의 의식하진 못했지만 말이다. 이제 공주가 까마득히 높이 올라갔다가 거기에서부터 가장 장엄한 비행을 시작할 시간이 되었다. 적어도 300미터 상공에서

부터 엄청난 힘으로 내리꽂히는 매의 비행 말이다.

계획은 아주 꼼꼼하게 세워 두었다. 공주가 초원 위로 까마득한 높이에 도달하면, 바로 그때 나는 미끼를 빙빙 흔들 예정이었다. 공주가 하강을 시작하면, 나는 공주가 높은 곳에서 길게 내리꽂혀 바닥에 닿을 때쯤 미끼를 움켜잡을 수 있도록 미끼를 공중으로 높이 던질 생각이었다. 사진사가 내 바로 뒤에 있으니까, 그 광경을 고스란히 필름에 담았다가 공주가 어떻게 하는지 정확히 잡아낼 수 있을 터였다.

나는 미끼를 감추었다. 매는 내 주위를 몇 번 돌더니 바람을 타고 점점 더 높이 솟구치기 시작했다. 올라갈 때, 공주는 날개를 잠깐 빠르게 쳤다가 양옆으로 쫙 펼치고 잠시 활공하는 모습을 번갈아 보여주었다.

공주가 점점 더 높이 올라갈수록, 선회하며 그리는 원은 점점 더 작아졌다. 공주가 굴뚝칼새만큼 작아져서 윤곽밖에 보이지 않게 되자 나는 공주가 지상에서 300미터쯤, 아마도 360미터까지 올라갔을 거라고 판단했다. 그곳에서 공주는 빠르게 날갯짓을 하며 바람을 타고 날면서 내 머리 위쪽에 그대로 머문 채 "기다렸다". 공주는 내가 미끼를 던지기를 기대하면서 지켜보고 있었다. 우리 둘 다 기다리고 있던 순간이었다.

내 뒤에서 누군가 외치는 소리가 들렸다. 얼른 몸을 돌려 봤더니 동네 사람 몇이 하늘을 가리키고 있었다. 바위비둘기 세 마리가 유유히 나는 게 보였다. 하얀 녀석이 맨 앞에 서고, 청회색 두 마리는 약간 뒤쪽에서 바람을 타고 목초지 맨 끝으로 빠르게 날아가고 있었다. 그들은 몇 초 지나지 않아 공주가 하늘 높이 빙빙 돌고 있는 바로 밑으로 지나갈 것 같았다. 비둘기들은 매를 못 보았는지, 지평선 멀리 보이는 농가의 헛간을 향해 날아가고 있었다.

나는 미끼는 까마득히 잊은 채 공주만 지켜보았다. 이제 비둘기들은 공주 바로 밑까지 왔다. 공주는 한쪽으로 몸을 돌리고, 서너 번 세게 날갯짓을 치는가 싶더니 바로 하강을 시작했다. 그제서야 비둘기들은 바로 머리 위에 매가 있다는 것을 알아차렸다. 바람이 매의 날개 사이로 지나가는 소리를 들었는지, 그들은 재빨리 몸을 돌려 바람을 등지고 목초지 바로 너머에 있는 숲으로 향했다.

비둘기는 빨리 나는 편에 속한다. 나는 비둘기가 시속 130 ~145킬로미터까지 낼 수 있으며, 시속 30킬로미터의 바람을 타고 날면 적어도 시속 160킬로미터로 움직일 수 있다고 믿는다.

아무리 빠르다고 해도, 이들은 공주가 서서히 거리를 좁혀가자 마치 제자리에 있는 듯이 따라잡히고 있었다. 공주는 항공기를 추적하는 미사일처럼, 번개 같은 속도로 하얀 비둘

사냥감을 본 공주는 긴 사선을 그리며 빠르게 하강하기 시작했다.

기를 향해 내리꽂혔다. 공주가 거의 닿을 무렵, 하얀 비둘기
는 갑자기 속력을 내 날개를 쳐대면서 공중으로 솟구쳤다.
매와 비둘기 모두 숲 가장자리에 도달했고 숲에 거의 충돌하
기 일보직전이었다.

　　비둘기가 갑자기 위로 솟구치자, 공주는 숲 가장자리에

있는 나무에 부딪히지 않기 위해 하강을 멈출 수밖에 없었다. 공주도 빠르게 위로 솟구치면서, 비둘기 옆으로 지나갈 때 비둘기를 움켜잡기 위해 발을 뻗었다. 갈고리발톱 사이로 하얀 깃털들이 확 피어나더니 공중으로 흩어졌다.

하지만 비둘기들은 안전했다. 백지 한 장 차이로 가까스로 목숨을 구한 것이다. 하얀 비둘기는 큰 나무의 가지에 내려앉았다. 매는 먹이가 나무나 덤불 사이로 피신하면 뒤쫓지 않는다. 그 사이에 청회색 비둘기 두 마리도 달아나 숲 사이로 사라졌다.

그러자 공주는 대단히 사나워졌다. 공주는 비둘기들이 다시 날아오를 것이라고 기대한 듯, 숲 위로 높이 올라가 사납게 맴을 돌았다. 그러다가 바람이 불자 몸을 한쪽으로 기울이면서 선회하더니, 다시 하늘 높이 올라가기 시작했다. 나는 미끼를 꺼내 머리 위에서 돌리면서 크게 소리를 질렀다. 하지만 공주는 내가 부르는 소리를 무시했다. 공주는 아직 하루 일을 마감할 태세가 아니었다. 살아 있는 먹이를 상대로 한 비행에 성공하고 싶어했다.

까마귀 빼돌리기

공주는 400미터쯤 올라가 있어서, 하늘에 나 있는 작은 점으로 보였다. 공주는 그곳을 빙빙 돌면서 뭔가 보이기를 기다리

34

고 있었다. 수평선 너머 어딘가에서 날아가는 또 다른 새를 목격한 것일까? 만일 공주가 내 눈이 안 미치는 멀리 떨어진 곳에서 먹이를 덮쳐 잡는다면, 나는 아마 공주를 두 번 다시 찾을 수 없을지도 몰랐다. 그 순간 새로운 새가 등장했다.

소나무 숲이 우거진 산마루 너머에서 동쪽으로 까마귀 한 마리가 나타난 것이다. 까마귀는 지상 약 120미터 상공에서 천천히 날개를 치면서 바람을 타고 내 쪽으로 날아오고 있었다. 까마귀는 목초지 위로 들어서면서 나를 보고는 약간 더 높이 올라가면서 까악까악 새된 소리를 질렀다. 공주는 그 까마귀를 봤다는 기미를 전혀 보이지 않은 채, 여전히 먼 하늘에서 기다리고 있는 중이었다.

이제 까마귀는 목초지 한가운데를 지나고 있었다. 주변의 숨을 수 있는 곳에서 가장 멀리 떨어져 있는 셈이었다. 그러자 공주가 움직이기 시작했다. 공주는 다시 옆으로 선회를 하더니 긴 사선을 그리면서 빠르게 하강했다. 이번에는 거리가 훨씬 더 멀었지만, 까마귀는 공주보다 더 영리하긴 해도 속도가 느린 사냥감에 속했다.

공주는 점점 더 힘을 모으면서, 속도를 두 배로 높이려고 연이어 날개를 짧게 쳐댔다. 얼마나 빨리 날았는지, 보일락말락했던 점 같던 것이 몇 초 만에 충돌할 듯 쏜살같이 날아가는 검은 형체로 돌변했다. 공주는 날개를 양옆으로 반쯤 접고, 발을 뒤쪽 오므린 꼬리 깃털 밑으로 뻗고 있었다. 강렬한 열망으로 타오르고 있는 검은 눈 앞쪽에서 부리가 공기를 갈랐다.

몇 년 전에 어느 비행기 조종사가 시속 280킬로미터로 날고 있는 비행기에서 다이빙을 한 적이 있었다. 그때 그는 매 한 마리가 자신을 지나쳐 빠르게 하강해서 야생 오리를 덮치는 모습을 목격했다. 그 조종사는 매의 속도가 시속 320킬로미터는 될 것이라고 추정했다. 내가 보기에 지금 공주는 그 정도로 빨리 날고 있는 것 같았다.

까마귀는 공주의 날개가 윙윙거리며 공기를 가르는 소리에 경계심을 가진 것이 분명했다. 까마귀는 갑자기 날개를 접고 동쪽으로 툭 떨어져 내렸다. 그 영리한 새는 느린 자신의 날갯짓으로는 숲에 들어갈 때까지 매를 따돌릴 수 없다는 것을 알았다. 안전하게 피하려면 땅에 내려앉는 수밖에 없었다. 땅에 내려가기만 하면 덤불 밑으로 숨거나, 울타리 밑에서 내달리거나, 장대 뒤쪽에 머리를 처박는 것만으로도 매를 따돌릴 수 있었다. 매는 먹이가 다친 상태가 아니라면, 땅에 내려앉은 먹이는 잘 공격하지 않는다. 나는 이런 식으로 매를 피한 까마귀들을 많이 보았다. 하지만 이번에는 까마귀에게 운이 따르지 않았다.

지상 약 60미터 상공에서 공주는 떨어지는 까마귀를 발

공주는 까마귀를 발로 세게 친 다음 하늘 높이 투어 올랐다.

로 세게 친 다음, 다시 한 번 강타할 태세를 갖추기 위해 공중 높이 튀어 올랐다. 하지만 까마귀는 검은 깃털들을 흩날리면서, 죽은 채 축 늘어져서 떨어졌다. 공주는 원을 그리며 그 죽은 까마귀 위로 내려앉았다.

이제는 공주에게 다가가려면 아주 조심해야 했다. 매사냥꾼은 매가 먹이를 잡고 난 뒤 매에게 다가갈 때는 몸을 낮게 구부리고 매에게 말을 걸면서 아주 천천히 움직여야 한다. 공주는 까마귀를 잡아뜯기 시작한 상태였다. 입가에 뜯겨진 검은 깃털들이 붙어 있어서 왠지 우스꽝스럽게 보였다.

나는 가까이 다가가 한쪽 무릎을 땅에 댄 뒤, 내 사냥 가방에서 날고기 조각을 하나 꺼내 공주에게 내밀었다. 공주는 언제나처럼 열망하는 눈초리로 그 고기를 쳐다보았다. 잠시 나는 공주가 까마귀를 놔두고 내게로 올지도 모른다고 생각했다. 하지만 아니었다.

그래서 나는 몸을 더 낮춘 채 가까이 다가갔다. 마침내 팔을 뻗어 고기 조각을 공주의 입에 갖다댈 수 있을 정도까지 접근하는 데 성공했다. 공주는 까마귀의 깃털 뽑기를 멈추고, 내 손가락에 있는 고기를 집어먹었다. 공주가 고기를 삼키고 있을 때, 나는 얼른 왼손 손가락들 사이에 젓갖을 끼운 뒤, 까마귀 위에 올라앉은 그대로 공주를 들어올리면서 똑바로 섰다. 영화 같은 데에서는 매가 자신이 잡은 먹이를 매사냥꾼에게 갖고 오는 것으로 나오지만 실제는 그렇지 않다.

　　나는 공주가 까마귀를 잡아뜯는 걸 도우면서, 젓갖은 그대로 붙들고 있었다. 그러면서 아주 천천히 가방 속으로 손을 뻗어 미끼를 꺼냈다. 다행히도 아직 고기 몇 조각이 더 남아 있었다. 나는 까마귀 위에 내 손을 올려놓고 까마귀를 땅에 떨어뜨림과 동시에 공주의 발 밑에 먹이를 갖다댔다. 공주는 까마귀가 어떻게 되었는지 알아보기 위해(나는 까마귀를 밟고 서 있었다) 잠시 목을 한 번 재빨리 내밀었다가, 내가 준 고기를 찢어먹기 시작했다. 공주가 고기를 먹을 때, 나는 얼른 젓갖에 고리와 줄을 매달았다. 그럼으로써 매는 다시 내 수중에 들어왔다.

　　물론 공주가 까마귀를 뜯어먹도록 놔둘 수도 있었다. 하지만 많은 매사냥꾼들은 까마귀 고기가 매에게 별로 맛이 없기 때문에, 매가 한 번 그 살을 맛보고 나면 다시는 까마귀를 뒤쫓지 않을 수도 있다고 말하곤 한다.

　　공주를 내 주먹 위에 올려놓고 길 쪽으로 오는데, 그때서야 갑자기 사진사 생각이 났다. 해가 저물고 있었고, 동네 사람들은 비행이 끝나자마자 집으로 돌아가고 없었다. 하지만 사진사는 그 자리에 서서 내가 다가오는 모습을 지켜보고 있었다. 오른손에는 카메라가 들려 있었다.

　　"어땠어?" 내가 물었다.

그는 인상을 찌푸린 채 발로 흙을 마구 차면서 욕설을
내뱉었다.

"카메라가 고장났어!"

"뭐라구!"

"…"

"할 수 없지 뭐. 다시 와서 찍어야겠네."

하지만 우리는 그렇게 하지 못했다. 사진사가 몇 주 지
나지 않아 이사를 갔기 때문이다. 하지만 이사 가기 전에 나
는 그가 찍은 필름을 볼 수 있었다. 필름에는 내가 머리 위로
미끼를 돌리는 모습, 공주가 사진사 쪽으로 날아왔다가 검은
줄처럼 사라지는 짧지만 짜릿한 순간이 담겨 있었다.

하지만 그 필름들만으로는 공주나 다른 새가 날 때 어떤
기술을 사용하는지 전혀 알아내지 못했다. 그렇지만 수확도
있었다. 나는 야생의 사냥감을 뒤쫓는 공주의 본능을 생생하
게 목격했다. 또 공주가 그날의 비행 훈련에서 뭔가를 터득
했을 것이라고 확신한다.

새는 얼마나 빨리 날까?

새는 보통 때 얼마나 빨리 날까? 위험에 처하거나, 배가 고프거나 놀랐을 때에는 더 빨리 날 수 있을까? 구애 비행 때 훨씬 더 빨리 나는 새들도 있고, 먹이를 뒤쫓을 때나 포식자에게 쫓길 때 더 빨리 나는 새들도 있다. 이주하는 바다새나 제비들은 혼자 날 때보다 무리 지어 날 때 더 빨리 난다.

어느 날 나는 두 친구와 함께 공주가 얼마나 빨리 나는지 비행 속도를 한번 재 보기로 했다. 공주는 자동차를 무서워하지 않았다. 거의 매일 내 차 옆좌석에 놓인 홰에 앉아 함께 타고 다녔으니까.

한 친구는 차에서 시동을 걸어 두고 기다리고 있었다. 그리고 다른 친구는 약 300미터 앞에서 서 있다 내가 공주를 그쪽으로 날리면 재빨리 미끼를 꺼내 머리 위로 돌리기로 했다. 매가 바로 그쪽으로 간다면, 도로와 나란한 직선 경로가 될 터였다. 그 방법은 제대로 통했다. 내가 공주를 풀어 주자, 저쪽에 있던 친구가 소리를 지르며 머리 위로 미끼를 빙빙 돌렸다. 동시에 차에 있던 친구는 출발해서 공주와 속도를 맞췄다. 공주는 미끼를 보자마자 날았다. 처음에 날갯짓 비행을 시작할 때는 시속 65킬로미터쯤이었지만, 금방 속도를 올려서 미끼에 닿을 때쯤에는 시속 95킬로미터였다.

사실 공주는 살아 있는 새를 뒤쫓는다면 훨씬 더 빨리 날 수 있으므로, 완전히 만족스러운 실험은 아니었다. 나는 공주가 바위비둘기를 따라잡는 광경을 여러 번 목격했다. 비둘기 중에는 직선으로 시속 145킬로미터로 날 수 있는 것들도 있다. 그리고 매가 시속 280킬로미터 이상의 속도로 야생 오리를 덮치는 것을 비행기에서 본 자료도 있다. 매는 세상에서 가장 빠른 새는 아니지만 야생 매가 작심하고 뒤쫓았을 때 잡지 못할 새는 그다지 많지 않다.

새는 어떻게 날까?

아름답게 날아오르는 고방오리 수컷의 날개짓 비행.
사람도 이렇게 날 순 없을까? 글쎄...가슴뼈가 지금 보다 한 1.8미터쯤
더 튀어나온다면 가능할지도.

비행의 실마리

공주가 나는 모습을 촬영한 지 얼마 후에, 나는 조류학자들이 모이는 학회에 참석하러 옆 도시에 갈 일이 생겼다. 나는 공주를 다른 사람에게 맡기는 게 영 마땅치 않아 하루밖에 머물 수 없었다.

그곳에서 한 과학자를 처음 만났는데, 나는 그의 연구에 대단히 흥미를 느꼈다. 그는 오랜 세월 야생 새들을 관찰해 온 조류학자였다. 요즘은 고속 촬영 기법을 이용해서 새의 비행을 연구하는 데 몰두하고 있다고 했다. 또 그는 내가 전혀 모르는 분야인 공기역학(말 그대로 "공기의 운동"을 다루는 학문)과 비행 과학도 많이 알고 있었다.

나는 그와 잠시 이야기를 나눈 뒤, 공주가 어쩌고저쩌고 이야기를 꺼냈고 최근에 공주가 나는 모습을 찍었다는 말도 했다. 그는 즉시 관심을 보였다. 그는 매를 가까이에서 본 적이 한 번도 없다고 했다. 야외에서 조류 관찰을 할 때 야생 매를 몇 번 보기는 했지만, 모두 멀리서 본 게 다였다는 것이다. 그날 학회가 끝날 무렵에, 나는 공주를 보러 오라고 그를 초대했다.

그는 이렇게 말했다. "오늘 밤 비행기로 집으로 돌아갈 예정인데… 그리고 카메라도 안 갖고 왔어요." 그런 뒤 잠시 망설이다가 말했다. "좋아요. 하루 더 머물기로 하죠. 내일 아침에 꼭 보러 갈게요."

그는 다음 날 아침 9시쯤 왔다. 나는 그를 버려진 양계
장으로 데려갔다. 밤에 공주를 넣어두는 곳이었다. 개나 밤
에 돌아다니는 고양이도 이렇게 건물 안에 있으면 공주를 괴
롭히지 못했다. 그곳은 안전해서 이따금 마을로 내려오곤 하
는 커다란 수리부엉이들의 야간 공격에도 안전했다. 공주는
날고 있을 때는 어떤 적과도 맞섰지만, 끈에 묶여 홰 주위의
좁은 공간에 있을 때는 자기보다 조금만 몸집이 큰 동물들의
공격에 거의 속수무책으로 당하곤 했다.

나는 문을 열었다. 내 친구는 공주를 보고는 눈이 휘둥
그래졌다. 그는 나직하게 휘파람을 불었다.

"정말 대단하군요! 내가 본 새들 중에 가장 매끈한 유선
형이네요!"

공주는 우리를 향한 채 가만히 홰에 앉아 있었다. 한 발
은 배의 깃털 속에 파묻고 있었고, 커다란 노랑 발 하나로만
서 있었다. 공주는 낯선 손님이 들어와 자기 주위를 돌자, 몸
통은 가만히 둔 채 고개를 돌리면서 검은 얼굴로 계속 신기
하다는 듯 그를 쳐다보았다.

"크기가 얼마나 돼요?" 그가 물었다.

"머리 끝에서 꼬리 끝까지 50센티미터예요. 몸무게는 1
킬로그램쯤 되고요. 날개폭은 1.2미터쯤 되요." 말한 뒤에

나는 이렇게 덧붙였다. "물론 매는 수컷보다 암컷이 더 크지요."

그는 고개를 끄덕였다. 그는 공주의 가슴 근육의 폭과, 깊이와, 강한 날개의 굴곡 부위의 두께를 유심히 살펴보았다.

"놀라운 비행 속도를 내는 힘이 저기서 나오는 거죠." 그가 말했다.

나는 대답하지 않고 커다란 노란 공책에 재빨리 기록하기 시작했다. 그는 새 비행의 전문가였고, 나는 그가 말을 계속하기를 바랐다.

그는 말했다. "비행의 원리는 차, 배, 기차 등 움직이는 교통 수단을 타고 창 밖으로 손을 내밀어 본 아이들이라면 모두 경험했을 거예요. 손의 평평한 면을 약간 위쪽으로 기울이면, 탈것이 움직일 때 손이 공중으로 밀려 올라가죠. 다시 말해 공기가 무게를 지탱해 주게 되는 거죠."

그리고는 나의 매 공주를 향해 고개를 끄덕였다. "공주, 아니 모든 새는 살아 있는 비행기예요. 새들은 정말 오랜 세월 동안 자신들의 비밀을 드러내지 않았어요. 우리가 새가 어떻게 나는지 안 것은 프로펠러로 추진되는 현대식 비행기가 개발되고 난 뒤였지요."

"인류가 맨 처음 하늘을 날려고 만든 게 그냥 위아래로 흔들기만 하는 날개 달린 비행 장치(오니숍터)였어요. 오니

숩터는 사람의 근육으로 움직이는 비행기였지요. 물론 이 비행기는 땅에서 날아오르지는 못했죠. 새는 그런 식으로 나는 게 아니니까요. 게다가 사람의 몸은 너무 무겁고 새처럼 유선형으로 생기지 않아서 나는 건 불가능하죠."

그는 잠시 말을 멈추고 잎담배에 불을 붙였다. 공주는 머리를 한쪽으로 돌린 채 파르스름한 연기가 굽이치며 천장으로 올라가는 모습을 신기한 듯 쳐다봤다.

그는 말을 계속했다. "중세 시대부터는 직접 만든 날개에 목숨을 맡긴 채 높은 탑에서 뛰어내리는 '탑 뛰어내리는 자들'이 계속 나타났어요. 그들은 몸무게를 지탱하려면 공기 부양력이 얼마나 되어야 하는지 그런 건 알지도 못했죠."

그는 다시 공주를 향해 몸을 돌렸다. "당신이 저 녀석 가슴 근육을 만져도 가만히 있나요?"

나는 빙긋 웃었다. "날 준비가 되었는지 알아보려고 매일 그렇게 하는 걸요."

"가슴이 얼마나 깊은가요? 말하자면 몸의 축 밑으로 가슴뼈가 얼마나 튀어나와 있느냐는 겁니다."

나는 공주 옆에 무릎을 대고 앉아 천천히 공주의 가슴 쪽으로 손을 뻗었다. 공주는 날개를 펼치면서 입을 벌렸지만, 홰에서 뛰어오르지는 않았다. 나는 심하게 휘어져 있는 가슴뼈 양쪽으로 결이 져 있는 강인한 가슴 근육을 조심스럽게 만져 보았다.

"폭은 13센티미터쯤 되고 깊이는 7.5에서 10센티미터쯤 되는군요." 나는 말했다. 공주는 부리로 내 손등을 콕콕 찍어 댔다. 아플 정도는 아니었지만, 그것은 자신의 심기가 좋지 않다는 뜻이었다.

"좋아요!" 그는 신이 나서 말했다. "그게 바로 인간이 날 수 없는 이유 중 하나지요. 새와 달리 사람의 몸은 유선형이 아니에요. 그리고 하늘을 날려면 엄청난 양의 근육이 필요해요. 몸무게 75킬로그램인 사람이 날려면 가슴뼈가 앞쪽으로 1.8미터쯤은 튀어나와 있어야 할 겁니다. 날개를 쳐서 몸을 땅에서 들어올릴 수 있을 만큼 큰 근육이 들어가려면, 새처럼 심하게 휘어진 가슴뼈가 1.8미터는 되어야 하거든요! 이 사실을 깨달은 게 1680년이었어요. 그 사이에 수백 년 동안 수많은 사람들이 날겠다고 탑에서 뛰어내려 목숨을 잃었죠."

그는 생각을 가다듬기 위해 잠시 말을 멈췄다. 공주는 깃털을 한껏 부풀렸다가 마구 뒤흔든 다음 본래 자세로 돌아왔다. 그런 뒤 발 하나를 들어 긴 가운데 발가락으로 뺨을 긁어댔다. 몇 년 뒤 나는 황새 한 마리가 습지 위를 날면서 같은 몸짓을 하는 것을 보았다. 나는 공주가 날면서 깃털을 부풀려 흔들어대는 모습을 종종 보았다. 제임스 오두본이 군함조를 설명한 글에도 비슷한 내용이 나온다. 군함조는 날면서

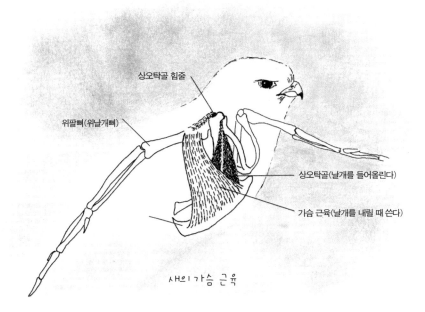

상오탁골 힘줄

위팔뼈(위날개뼈)

상오탁골(날개를 들어올린다)

가슴 근육(날개를 내릴 때 쓴다)

새의 가슴 근육

이따금 머리를 긁는데, 그러면 고도가 낮아지기 때문에 사냥하기 수월해진다는 것이다.

"지금까지 내가 말한 건 공주의 '운동 근육'이었어요. 이제 날개를 살펴볼까요? 날개가 어떻게 생겼고 공주가 그것을 어떻게 사용하는지 살펴보면, 그토록 오랫동안 인간을 궁금하게 만들었던 수수께끼의 해답을 알 수 있지요. 새가 그냥 날개를 위아래로 마구 움직여서 나는 게 아니라는 사실을 처음부터 이해했다면, 인간은 아마 훨씬 더 빨리 비행의 실마리를 찾아냈을지 몰라요."

그때 아침 햇살이 창문을 통해 들어와 공주의 등에 닿았다. 그러자 공주는 태양을 향해 날개를 좍 펼쳤다. 옆에서 보니 양 날개가 거의 직선을 그리고 있었다.

그는 말했다. "정말 멋지지 않아요? 저 날개는 보기에도 아름다울 뿐 아니라, 두 부분이 정말 완벽한 팀워크로 움직이죠. '손목' 즉 날개 중앙의 굽은 부위 바깥에 나 있는 열 개의 단단한 첫째날개깃은 일종의 '손'에 해당해요. 그리고 손날개의 약간 뾰족한 첫째날개깃들이 새를 날게 하는 '프로펠러' 역할을 하는 거예요. 하지만 손목에서가 아니라 어깨에서 움직이는 겁니다."

"다음번에 비행을 시킬 때 한번 잘 봐요. 손날개를 밑으로 깊이 내리면 프로펠러가 비행기를 공중에서 앞으로 움직이듯이 각 첫째날개깃들로 공기를 누르면서 약간 비틀어 몸이 앞으로 나아가도록 조정을 해요. 그때 날개의 안쪽 절반 부위에 있는 거의 직선을 이룬 날개깃들, 즉 둘째날개깃들은 수평을 향하거나 약간 위쪽으로 틀어져 있어요. 그것들은 비행기의 날개처럼 공중에서 몸을 지탱하는 역할을 하는데, 어깨 관절을 이용해 움직이지요." 그는 결론을 내렸다. "모든 새는 한 쌍의 프로펠러를 갖고 있어요. 그리고 새의 비행을 고속 촬영하는 것이 날개의 움직임을 가장 잘 볼 수 있는 방법이에요."

그는 시계를 들여다보았다. "이제 돌아갈 시간이네요.

양력

항력

추진력

손바닥뼈

팔날개
둘째날개
손날개
첫째날개

중력

또 궁금했던 것 없어요?"

"적어도 백만 가지는 되는데 어쩌죠?" 나는 빙긋 웃으며 말했다.

"한 가지만 더 말하고 돌아가죠. 새들이 날아다니는 바다처럼 드넓은 공기는 진짜 바다나 다름없어요. 모든 유체들이 그렇듯이, 공기도 그 안에 잠겨있는 것들의 표면을 구석구석까지 누르고 있어요. 해수면에서는 몸 표면 1평방센티미터당 약 1킬로그램의 압력이 가해지고 있죠. 그보다 더 높이 올라갈수록 압력은 줄어들어요."

"하늘은 이제 비행기를 타고 가는 사람들에게 드넓은

교통로가 되었지만, 그 훨씬 전부터 새들의 하늘길이었다는 것을 명심해야 해요. 새들에게 하늘은 세상 어느 곳이든 통하는 길이자, 땅에 있는 적들로부터 벗어날 수 있는 피난처이기도 하죠. 거기서 동료들과 만나기도 하고, 자신들에게 영향을 미치는 온갖 일들이 벌어지죠. 또 하늘은 먹이를 구하는 터전이자, 철새가 야간에 이주할 때 빛을 비춰 주는 달과 별이 있는 세계이기도 하죠. 쏙독새와 부엉이에겐 야간 사냥을 하는 곳이기도 하고요. 그리고 태풍처럼 새들을 휘감아 뒤로 날려보내기도 하고, 여름이나 겨울을 날 곳으로 더 빨리 날아갈 수 있게 도와주는 바람의 세상이기도 해요."

그는 말을 끝내고 빙긋 웃었다. "새의 비행에 몰두하다 보니 너무 멀리 나간 듯하네요. 새의 비행을 더 진지하게 연구해 보면 이해하게 될 겁니다. 되도록이면 다양한 새들의 비행을 지켜보도록 해요. 새들이 나는 모습을 살펴보다 보면, 친구의 걸음걸이만 봐도 누구인지 알 수 있듯이 비행 형태만 봐도 어떤 새인지 단번에 알아맞추게 될 겁니다."

우리는 악수를 나누고 헤어졌다. 나는 그를 다시 보지 못했지만, 그날 내가 묻고 싶었던 "백만 가지"의 질문들을 그에게 할 필요는 없었다. 그는 새의 비행에 대한 책을 썼으며, 그 책은 그 뒤로 새들의 비행을 지켜볼 때 내가 보고 있는 게 무엇인지 이해하는 데 많은 도움이 되었다.

가장 높이 난 새

지금까지 기록상으로 볼 때 가장 높이 난 새는 아마도 1921년 영국의 에베레스트 탐사대가 목격한 새일 것이다. 울래스턴 박사는 7500미터 상공에서 수염수리를 보았다. 수염수리는 세계에서 가장 큰 맹금류에 속하며, 날개폭이 3미터를 넘는다. 예전에 인도에서 태양을 배경으로 8700미터로 추정되는 상공에서 기러기를 찍은 사진이 있지만, 고도가 정확하지 않아 오늘날 조류학자들은 그 기록을 인정하지 않는다.

한 조류학자는 안데스산맥에서 날개폭이 3미터인 남미콘도르 한 마리가 활공하는 것을 보았다. 기압계로 측정했더니 6000미터가 나왔다.

영국의 시험 조종사이자 조류학을 공부하는 해럴드 펜로즈는 8월의 어느 고요한 저녁에 멋진 경험을 했다. 그는 해가 질 무렵에 약 600미터 상공에서 글라이드를 타고 활공하다가, 떠오르는 거대한 따뜻한 공기 덩어리 쪽으로 방향을 돌렸다. 그런데 갑자기 칼새 한 마리가 앞을 가로지르고 지나갔다. 새는 원을 그리며 되돌아오더니, 날개를 쫙 펴고 그가 올라탄 공기 덩어리를 타고 상승하기 시작했다.

인간과 새는 15미터도 떨어지지 않은 채 잠시 함께 상승했다. 그런 뒤 칼새는 남쪽으로 방향을 틀어 어스름 속으로 사라졌다. 펜로즈는 칼새가 때로는 밤새도록 활공을 하며, 공중 높은 곳에서 날면서 잠을 잔다고 믿었다.

날아라 독수리

날개를 살짝 들어올려 V자로 나는 칠면조독수리들.
나는 이들만큼 우아하게 활공비행을 하는 새들은 보지 못했다.
이들은 덩치는 어마어마해도 사냥할 힘이 없어 죽은 동물들만
찾아다니는 자연의 청소부들이다.

칠면조독수리를 처음 본 날

어릴 때 내가 살던 마을 옆에는 소나무 숲 언덕이 있었다. 동네 사람들은 그 숲을 "말들의 천국"이라고 불렀다. 죽은 말들을 내다 버리는 곳이었기 때문이다. 사람들은 칸막이를 높이 친 짐마차에 죽은 말을 실어다가 그곳에 버렸다. 그때는 자동차가 귀했던 때라, 말이 주된 운송수단이었다.

우리 집은 말, 노새, 소, 돼지를 많이 키우는 목장 부근이었다. 그래서 키우던 동물들이 병들어 죽으면 칸막이를 친 짐마차에 실려 나가는 일이 잦았다. 나랑 친구들은 그런 짐마차가 지나가면, 칸막이 위로 튀어나와 흔들거리는 죽은 동물들의 발이나 발굽을 볼 수 있었다. 우리는 그런 짐마차를 "죽은 짐마차"라고 불렀다. 그래서 이 죽음의 마차가 지나가면 무서워서 벌벌 떨었던 기억이 난다.

당시에는 위생에 관한 법이 없었으므로, 우리 동네에서는 죽은 동물들을 그냥 파묻었다. 무시무시한 탄저병이나 콜레라가 퍼지지 않도록, 죽음의 짐마차는 마을에서 멀리 떨어진 곳까지 이런 죽은 동물들을 날랐다. 그곳에서는 칠면조독수리들이 이 사체들을 먹어 치워 금방 처리를 끝냈다.

가끔 우리 아이들은 멀리서 짐마차가 모래투성이 길을 돌아 소나무 숲으로 향하는 것을 지켜보곤 했다. "말들의 천국" 상공에서는 언제나 커다란 검은 칠면조독수리들이 날개를 위쪽으로 약간 기울여 펼쳐 V자 모양으로 날고 있는 모습을 볼 수 있었다.

어른이 되어 새의 비행을 연구하면서, 나는 새들이 활공할 때 하는, 날개를 위쪽으로 치켜든 이런 자세를 "상반"이라고 한다는 것을 알았다. 이런 자세는 앞쪽으로 활공하는 독수리가 거친 바다에 떠 있는 배처럼 마구 흔들리며 요동치지 않도록 균형을 잡아 준다. 이런 V자 자세는 새의 몸과 날개가 좌우로 약간씩만 기우뚱거릴 뿐, 거센 바람에도 끄덕없게 한다. 이는 마치 사람이 팽팽한 줄 위에서 양팔을 옆으로 쭉 뻗어 균형을 잡는 것과 같다.

새의 몸은 무게가 더 나가는 부분들이 중력의 중심 부위에 몰려 있고, 양 날개를 잇는 수평선보다 아래쪽에 놓인다. 비행 때 새의 몸무게는 양 날개 사이에 "매달린" 상태여서, 마치 추가 매달려 있는 듯한 효과를 일으킨다. 그래서 독수리 같은 활공 비행을 하는 새들은 안정성을 높이기 위해, 날개를 이렇게 상반각 상태로 유지하곤 한다.

여태껏 내가 본 새들 중에 가장 우아하게 활공 비행을 하는 새는 칠면조독수리였다. 나는 V자 모양으로 나는 모습만 봐도 그 새라는 것을 즉시 알아차릴 정도가 되었다. 아주 멀리 있다 해도, 나는 이들과 매를 구분할 수 있다. 매는 날개를 평평하게 펼친 채 활공한다. 날개폭이 1.8미터인 칠면조독수리는 2.1미터인 검독수리, 2.7~3.0미터인 캘리포니아콘도르, 1.35미터인 붉은꼬리매와 더불어 활공을 잘하는 새에 속한다. 이들은 자연계에서 가장 뛰어난 활공 선수들이며, 주로 탁 트인 넓은 지역에서 살고 있다. 대부분 높은 하늘에서 활공하며, 주로 상승 기류를 타고 고도를 유지한다.

이런 새들은 "홈 파인 활공 날개" 또는 "고공 날개"라는 날개를 진화시켰다. 이들은 날개를 활짝 펼친 채, 위로 올라가는 따뜻한 공기(상승 온난 기류)를 타고 나선을 그리며 차츰차츰 하늘 높이 솟아오른다.

상승 온난 기류는 지표면이 불균등하게 데워지기 때문에 생긴다. 도시나 헐벗은 벌판의 공기는 숲이나 물 위의 공

칠면조독수리는 떠오르는 따뜻한 공기를 타고 나선을 그리며 하늘 높이 올라간다.

기보다 더 빨리 데워진다. 따뜻한 공기는 팽창해서 차가운 공기보다 더 가벼워지므로, 가느다란 기둥이나 커다란 공기 방울이 되어 차가운 공기 위쪽으로 올라간다.

활공하는 독수리 같은 새들은 높이 올라가기 위해 이런 상승 온난 기류를 찾아다닌다. 높은 곳에서 활강하면, 시골 전경을 한눈에 둘러보며 먹이를 찾을 수도 있고, 다른 기쁘고 흥분되는 일도 많이 찾을 수 있을 것이다.

"말들의 천국"은 나를 끌어당기면서도 반발심을 불러일으키는 묘한 매력을 지니고 있었다. 나는 걸음마를 뗄 때부터 새에 관심이 많았다. 그런데 땅에 내려앉은 독수리를 가까이에서 본 적은 아직 한 번도 없었다. 마침내 독수리를 보

고 싶다는 호기심이 그곳을 꺼려하는 마음을 이기고 말았다.

어느 날 나는 다른 아이 하나와 함께, 모래투성이 길을 따라 걸어가서 울창한 소나무 숲으로 들어갔다. 그 길에서 어떤 굽이를 돌았을 때 눈앞에 펼쳐졌던 광경을 나는 지금도 생생하게 떠올릴 수 있다. 열다섯에서 스무 마리쯤 되는 거대한 칠면조독수리(머리가 벗겨져 있어 대머리수리라고도 부른다)들이 적어도 3미터는 될 것 같은 커다란 날개를 펼쳤다 접었다 하면서 죽은 말들 위를 돌아다니고 있었다. 칠면조와 비슷하게 생긴 머리와 목은 깃털 대신 우중충한 빨간색으로 뒤덮여 있었다. 그들은 머리를 처박고 갈고리처럼 굽은 강하고 투박하게 생긴 부리로 사체를 게걸스럽게 뜯어먹고 있었다.

우리를 본 독수리들은 당황해서 허둥지둥 꼴사납게 사체에서 떨어졌다. 허겁지겁 달아나느라 서로 부딪혀 비틀거리기도 하면서, 그들은 허둥지둥 몇 발짝 몸을 피했다. 그런 다음 비단이 스치는 듯 살랑거리는 소리를 내면서, 아주 힘겹게 날개를 퍼드덕거리면서 날아올랐다.

그들은 멀리 날아가 어느 정도 높이에 이르자, 선회해서 다시 돌아왔다. 그들은 우리 머리 위로 활공하면서 신기하다는 듯 우리를 내려다보았다. 우리는 그들이 공격할까봐 겁이 나서 숲 속으로 달아났다. 그때 독수리에 관해 더 잘 알고 있었다면, 그렇게 무서워하지 않았을 텐데. 아마 독수리들은 다시 돌아와 먹이를 먹을 수 있게 우리가 어서 빨리 떠나기만을 바라고 있었을 것이다. 2년쯤 뒤 독수리 새끼 한 마리를 길렀는데, 그때 그 새들을 무서워했던 것을 생각하면 웃음이 나오곤 했다.

칠면조독수리의 발은 볼품없고 약하며, 발톱도 무뎌서 수리, 매, 부엉이가 하듯이 살아 있는 먹이를 붙잡아 죽일 수 없다. 칠면조독수리는 죽은 동물들만 먹을 수 있도록 진화한 "자연의 환경 미화원"이라고 할 수 있다. 과학자들은 아메리카의 독수리들을 콘도르과(*Cathartidae*)로 분류하는데, *Cathartidae*는 "세탁부" 또는 "청소부"를 뜻하는 그리스어에서 따온 말이다.

하늘을 헤엄치다

그렇게 어릴 때 본 이후로 내가 여름과 겨울 하늘에서 본 칠면조독수리는 수천 마리가 넘는다. 그들은 바람을 안고 가기도 했고, 바람을 타고 가기도 했으며, 바람을 가로질러 가기도 했다. 그들은 언제나 날개를 퍼덕거리지 않은 채, 힘들이지 않고 게으르게 활공을 했다. 그것이 바로 독수리가 다른 대다수 새들과 다른 점이다. 그리고 그들의 비행에는 늘 풀리지 않는 수수께끼가 하나 있었다. 나는 9월의 어느 날 농장에서 하늘을 올려다보며 그 수수께끼를 골똘히 생각하고 있었다.

마침 나는 탁 트인 벌판 사이로 난 길을 바람을 안고 서둘러 걸어가고 있었다. 그러면서 새들이 있나 없나 이따금 하늘을 올려다보곤 했는데, 내 뒤쪽으로 칠면조독수리 열 마리가 날고 있는 게 눈에 들어왔다. 한두 마리, 많을 때는 서너 마리가 함께 활공하는 모습은 그다지 특이하지 않았지만, 열 마리가 함께 나는 것은 보기 힘든 광경이었다. 그들은 날개를 쫙 펼친 채 나처럼 바람을 안고 날고 있었다. 높이는 상공 60미터쯤이었고 계속 꾸준히 앞으로 나아가고 있었다.

그들은 낮은 고도에서 사냥 비행중이었다. 그래서 바로 밑의 땅을 훑느라 내게는 관심도 없었다. 칠면조독수리들은 놀라운 후각과 예리한 시각으로 먹이를 사냥한다. 죽은 동물

활공하는 독수리는 몸무게를 이용해 아래쪽으로 미끄러지듯 내려가면서 앞으로 나아갈 때 생기는 공기 저항을 극복한다.

들이 넘쳐나는 것은 아니므로, 그들은 새로운 먹이를 찾아 계속 하늘을 날아다녀야 한다. 이렇게 그들이 내 머리 위를 지나쳐 갈 때, 나는 그들이 어떻게 날갯짓도 하지 않으면서 나보다 빨리 앞으로 나아가는지 알아냈다.

날고 있는 모든 새들에게 날갯짓은 에너지를 사용중이라는 것을 뜻한다. 죽어 있는 먹이를 찾기 위해 계속 하늘을 날면서 공중 정찰을 해야 하는 독수리들은 가능한 한 에너지를 아껴야 한다. 먹이가 거의 없을 때에는 더욱 그렇다. 그래서 그들은 활공을 하는 것이다.

그 독수리 열 마리는 맞바람을 맞으며 활공을 하고 있었다. 그들은 비행 방향과 반대로 움직이고 있는 공기 덩어리 속을 지나가고 있었다(그래야 바람에 실려 오는 앞쪽 땅에 죽어 있는 동물의 냄새를 맡을 수 있을 테니까). 그런데도

맞바람

날개 앞쪽을 위로 들어올리지, 하강하던 상태에서 빠져나와
위로 솟아오르면서 거의 처음 높이까지 다시 상승했다.

붉은꼬리매를 공격하고 있는 붉은날개검은재빠귀들.
자기보다 몸집이 큰 새라도 영역을 침입당하면 물불 가리지 않고 공격한다.

그들은 꾸준히 앞으로 나아가고 있었다. 그들이 그렇게 나아
갈 수 있었던 것은 이따금 아래쪽으로 하강하기 때문이었다.
몸무게, 즉 중력의 끌림 때문에 약간 앞으로 하강할 때면 속
도가 붙었다.

그들은 아래쪽으로 사선을 그리며 길게 활공하다가, 날
개 앞쪽을 위로 들어올렸다(항공학 용어를 쓰자면, "받음각"
을 들어올렸다). 그러자 하강하던 상태에서 빠져나와 위로
솟아오르면서 거의 처음 높이까지 다시 상승하면서 나아갔
다. 마치 독수리들이 눈썰매를 타고 달리는 듯했다. 언덕 아
래로 미끄러져 내려갔다가 때를 잘 맞추어 다음 비탈까지 쭉

미끄러져 올라가면서 능숙하게 눈썰매를 모는 소년처럼 말이다. 그것은 중력을 이용해 바람을 맞으며 나아가는 역동적인 활공의 놀라운 사례였다.

나는 칠면조독수리들이 지나갈 때 그 사실을 뚜렷이 알수 있었다. 하지만 가장 궁금했던 것은 바람을 안고 갈 때, 바람을 가로지를 때, 그리고 바람을 타고 갈 때에도 깃털 하나하나가 전혀 헝클어지지 않은 채 제자리에 있다는 점이었다. 나중에 어느 항공 공학자가 내 의문에 대답해 주었다.

"비행기가 날 때도 그렇지만, 새는 상승하든 활공하든 날갯짓을 하든 간에 공중에 떠 있어요. 수영 선수가 물 속에 있을 때 물에 잠겨 있듯이, 공기 속에 잠겨 있는 거지요. 마치 우리가 잔잔한 호수 속으로 뛰어들어 헤엄을 치는 것처럼, 이들은 고요한 공기 속에서 날아가죠. 물 속에서 헤엄칠 때 우린 사방에서 물의 압력을 느끼죠. 하지만 앞으로 나아가니까 가슴 쪽에 약간 더 강하게 압력을 느낄 거예요."

그는 말을 계속했다. "이제 당신이 호수에서 갑자기 흐르는 강이나 계곡 속으로 들어갔다고 해 봐요. 당신은 그래도 어느 방향으로 헤엄을 칠 수 있어요. 여전히 사방에서 물의 압력을 받을 거고요. 하지만 물살을 안든 물살을 따르든 상관없이, 헤엄을 칠 때면 가슴에 가해지는 압력이 항상 가장 셀 겁니다. 당신이 물을 가르고 나아가고 있다고 해도, 어느 방향으로 헤엄을 치든 상관없이 당신의 몸은 새가 공기 속에 잠겨 있듯이 물 속에 잠겨 있기 때문에 사방에서 거의 똑같은 압력을 받고 있어요."

"알 것 같아요." 내가 말했다.

"예를 하나 더 들어 보죠." 그가 말했다.

"당신이 강이나 계곡에서 물 흐름과 반대편인 상류로 헤엄치고 있다고 생각해 봐요. 당신이 물이 흐르는 속도보다 더 빨리 헤엄을 쳐야만 강둑에 서 있는 사람이 볼 때 당신이 상류로 올라가는 것처럼 보이겠지요. 당신이 물과 똑같은 속도로 헤엄친다면, 둑에 있는 사람에게는 당신이 꼼짝하지 않고 있는 듯이 보일 겁니다. 갈매기나 물총새나 황조롱이가 사냥을 할 때 물이나 땅 위의 한 곳에 위치를 잡기 위해 날갯짓을 하며 바람에 맞서 정지한 상태로 있는 것과 똑같아요."

"이제 당신이 물 흐름을 가로질러 반대편 둑을 향해 헤엄을 친다고 해 봐요. 물 흐름을 상쇄시키려면 약간 더 상류 쪽으로 각도를 잡아야 지켜보고 있는 사람이 있는 그 지점으로 갈 수 있겠죠. 새도 겨냥하고 있는 곳에서 어느 정도 떨어진 땅 위의 한 지점에 도달하기 위해 바람을 맞으며 비스듬히 날아갈 때 이렇게 해야 할 겁니다. 그럴 때 우리는 새가 바람 방향과 어떤 '방위'나 '각도'를 이루고 있다고 말하죠."

"당신이 몸을 돌려 물살을 등에 업고 헤엄을 치면, 상류로 가거나 물을 가로질러 갈 때보다 더 빨리 나아갈 겁니다. 그것은 당신 자신이 헤엄치는 속도에다가 물의 속도가 더해지기 때문이죠. 새가 바람을 타고, 우리 식으로 말하면 '바람을 꽁지에 달고' 날 때가 바로 그래요. 활공 비행이나 날갯짓 비행을 하는 속도에다가 강한 바람의 속도가 덧붙여지는 거죠. 하지만 그래도 떠 있는 상태에서는 여전히 공기 속에 잠겨 있어요."

그 항공 공학자는 웃으면서 이렇게 결론을 내렸다. "새가 날고 있을 때 바람에 새의 깃털이 헝클어지지 않는 이유가 바로 그 때문이지요."

그 공학자와 이야기를 나눈 지 얼마 되지 않아, 나는 바람은 날고 있는 독수리의 깃털은 헝클지 않지만, 다른 새가 공격하면 헝클어질 수 있다는 것을 목격했다.

어느 날 탁 트인 벌판에서 공주를 비행 훈련시키고 있을 때였다. 공주는 내 머리 위로 약 300미터 높이까지 올라갔다. 올라간 공주는 내 머리 바로 위쪽에 자리를 잡고 빠르게 날갯짓을 하면서 "기다렸다". 그날은 "미끼 매사냥"을 할 예정이었다. 공주는 내가 머리 위로 삼베로 덮인 미끼를 돌리기를 기다리고 있었다. 미끼를 돌리면 쏜살같이 내리꽂힐 것이고, 그런 연습은 날개의 힘을 키우고 공중 기술을 계발하는 데 도움이 되었다.

그때 커다란 검은 칠면조독수리 한 마리가 고도 30미터에서 목초지를 가로질러 날아왔다. 그 독수리는 먹을 만한 죽은 동물이 없는지 살피는 듯, 땅을 훑고 있었다. 나는 그 새가 공주 바로 밑에 왔을 때, 공주가 선회해서 끝이 뾰족한 날개를 몇 번 치더니 검은 번개처럼 그 새를 향해 내리꽂히는 것을 보고 깜짝 놀랐다. 공주는 내리 덮쳤다가 위로 솟구치면서 그 가여운 늙은 독수리를 세게 때렸다. 어찌나 충격이 컸던지 독수리는 공중에서 미친 듯이 비틀거렸다. 독수리의 몸에서 검은 깃털들이 폭발하듯 뿜어져 나왔다. 독수리는 필사적으로 날개를 퍼드덕거리면서 멀리 있는 숲 쪽으로 달아나기 시작했다. 공주는 뒤쫓으면서 공격을 계속했다. 독수리는 두 번 더 세게 얻어맞고서야 마침내 나무 사이로 몸을 피해 사라졌다.

공주가 독수리를 공격하는 것을 보면서 나는 어찌할 바를 몰랐다. 덩치가 커다란 독수리가 야생 매의 먹이 따위가 될 리가 없었다. 공주가 장난삼아 독수리를 공격한 것일 수도 있다.

한 번은 야생 매가 물총새에게 계속 돌진하는 광경을 본 적이 있었다. 매는 물총새가 거의 익사할 정도까지 물 속에 빠뜨렸다. 하지만 물총새를 진심으로 죽이려는 것 같지는 않았다. 공주는 자신의 비행 영역이라고 간주하고 있는 벌판 상공으로 독수리가 침입하자 화가 난 것일지도 모른다. 새들은 자기의 본거지를 소유하려는 성향이 강하다. 물총새, 노랑부리검은지빠귀, 자그마한 벌새 같은 더 작은 새들까지도 둥지가 있는 영역이 침입당하면 그 새가 자기보다 몸집이 아주 큰 새라고 해도 상관하지 않고 공격하러 날아오른다.

비행기를 따라가는 독수리

칠면조독수리는 세상에서 가장 우아하게 활공을 하는 새에 속하기 때문에 나는 거의 평생 동안 그 새만 보면 감탄해 왔다. 내가 남쪽으로 이사해 살 때 아주 잘 알게 된 그 지역의 아메리카독수리는 칠면조독수리와 달리 죽은 동물들만 먹지 않는다. 그들은 이따금 새끼 돼지, 스컹크, 송아지 같은 살아 있는 동물들을 공격한다. 나는 고속도로를 달리다가 죽은 동물들을 먹고 있는 칠면조독수리를 아메리카독수리가 공격해 쫓아 버리는 광경을 목격한 적도 있다. 나는 그렇게 공격적인 아메리카독수리가 왜 미국 남부에만 살고 있는지 오랫동안 궁금하게 생각했다. 어느 날 나는 그 해답을 알았다.

1949년 생물물리학적으로 새의 비행을 연구하고 있는 과학자 어거스트 래스퍼트는 동료 한 명과 함께 무동력 글라이더를 설계했다. 그는 그 글라이더를 하늘을 나는 독수리들

옆에 띄워서 그들의 비행 비밀을 알아내겠다는 목표를 갖고 있었다. 공중에서 짧고 빠르게 선회하는 새들을 추적할 수 있도록, 그는 하강 속도가 느리고, 즉 부력이 크고, 속도가 느리고 조작이 쉬운 글라이더를 설계했다. 래스퍼트는 글라이더를 만든 다음, 거기에 소형 전파 송신기를 장착했다. 송신기는 과학적으로 측정한 자료를 지상에 있는 수신기로 보내도록 되어 있었다.

래스퍼트는 비행기를 이용해 글라이더를 하늘 높이 끌고 가서 띄웠다. 그는 지상에서 지켜보고 있는 사람들과 통신을 하면서 글라이더를 날고 있는 독수리들이 있는 곳으로 몰았다. 그는 독수리 한 마리가 날고 있는 고도까지 내려가서 4~9미터 거리를 두고 추적하면서 자세히 관찰했다.

래스퍼트는 독수리들과 함께 비행하면서, 좀 더 무겁고 날개폭이 짧은 아메리카독수리보다 칠면조독수리가 공중에서 부력이 약간 더 크다(하강 속도가 더 느리다)는 것을 발견했다. 그는 이런 작은 차이가 두 새의 분포 범위를 다르게 만드는 이유라고 믿었다. 부력이 더 큰 칠면조독수리는 미국 북부에서 더 추운 캐나다 남부 삼림 지대에 걸쳐 대부분의 지역에서 살고 있다. 반면에 공기역학상 더 무거운 아메리카독수리는 미국 남부와 아메리카 열대 지역에서만 산다. 아마 그곳에서는 더 무거운 아메리카독수리가 이용하고 있는 상승하는 따뜻한 공기(상승 온난 기류)가 뜨거운 햇볕 때문에 북쪽에서보다 더 많이 생기기 때문인지 모른다.

수리류나 대형 매류와 달리 독수리는 대개 자신의 상승 온난 기류 속으로 글라이더가 침입해도 달아나지 않는다. 영국의 글라이더 조종사인 필립 월스는 가끔 독수리들과 함께 활공하곤 했다. 월스는 독수리들이 활공하면서 혹시 누군가 먹이를 발견해서 내려갈 태세를 보이는지 끊임없이 서로를 지켜보고 있다는 것을 알았다. 또 그는 한 독수리가 상승 온난 기류를 발견해서 그 안에 들어가 선회하면서 올라가기 시작하면, 근처에 있던 독수리들도 즉시 그 뒤를 따라 날아서 공중에 새들의 피라미드가 생기곤 한다는 것을 알았다.

어느 날 월스는 독수리들이 상승 기둥을 이루고 있는 광경을 보고 글라이더를 그 상승 온난 기류 속으로 몰아 독수리들과 합류했다. 놀랍게도 독수리들은 그를 활공하는 동료로 받아들였다. 그 다음 그가 상승 온난 기류를 발견해 그 안으로 들어가 상승하기 시작하자, 독수리들도 그의 글라이더를 뒤따라 하늘 높이 올라왔다.

내게는 그것이 30여 년 전부터 독수리들이 새로운 비행 기술을 놀라울 정도로 빨리 습득하고 있음을 보여주는 일련의 사건들 중 하나로 여겨졌다.

루이지애나의 야생조수 보호구역에서 야생 오리들의 발

V자대형으로 이동중인 캐나다기러기들.
뒤쪽새가 앞쪽 새의 바로 뒤가 아니라 약간 옆이나 위에서 날고 있다.

에 식별 고리를 끼우는 일을 하고 있던 에드워드 매킬헤니는 아메리카독수리 한 마리가 자신을 비롯한 조류학자들이 도무지 이해할 수 없는 기발한 기동 작전을 펼치는 광경을 목격했다.

어느 날 오리들에게 고리를 끼우고 있던 매킬헤니는 비행기 한 대가 다가오는 소리를 들었다. 언뜻 위를 올려다본 그는 비행기가 두 대라고 생각했다. 그것들은 앞뒤로 약간 떨어져서 날고 있었다. 그것들이 머리 위쪽으로 날아왔을 때, 그는 뒤쪽에서 날고 있는 것이 살아 있는 새임을 알고 깜짝 놀랐다. 그것은 아메리카독수리였다. 독수리는 약 60미터 뒤에서 비행기보다 약간 높은 고도에서 활공하고 있었다. 앞서 가던 것은 우편물을 배달하는 미국 체신부 소속의 항공기였다. 그 항공기는 시속 약 200에서 260킬로미터로 날고 있었다. 놀라운 점은 독수리가 자신보다 훨씬 빠른 그 비행기와 보조를 맞출 수 있었다는 것이다. 의아한 점은 왜 독수리가 그렇게 가까이에서 비행기를 따라가고 있는가 하는 것이었다.

2년 뒤 매킬헤니가 같은 장소에서 똑같은 광경이 재현되는 것을 목격했다. 아메리카독수리가 우편물 수송 비행기 바로 뒤에서 활공하고 있었다. 그로부터 1년 뒤 매킬헤니는 그 특이한 관찰 결과를 한 학술지에 발표했다. 하지만 그가 본 것을 해석할 수 있는 과학자가 나온 것은 그로부터 20년이 더 지난 뒤였다. 매킬헤니는 이미 오래 전에 세상을 떠나고 없었다. 아메리카독수리는 비행기를 뒤따르면서 그 비행 기술을 배운 듯하지만, 그 기술은 이미 수백만 년 전부터 야생 기러기와 고니들이 쓰던 것이었다.

새가 공중을 날아갈 때, 몸 뒤쪽으로 공기가 교란되는 작은 공간이 생긴다. 이것을 "후류(後流, slip stream)"라고 한다. 어떤 새가 다른 새의 바로 뒤쪽에서 난다면, 이 난류 공기 속으로 들어가게 될 것이다. 그러면 소용돌이에 휘말려 몸이 뒤집히거나 내동댕이쳐지면서 제대로 날지 못하게 될 것이다. 떼를 지어 나는 부류의 새들은 아마도 이런 일을 대부분 겪어 보았을 것이다. 하지만 몇몇 종류의 새들은 이런 후류를 이용하는 법을 터득했다.

새가 날 때는 날개 끝에서 공기가 약간 흩어지는데, 그러면서 새의 "양력(운동 방향에 수직으로 작용하는 힘, 즉 나는 새를 위로 떠오르게 하는 힘)"이 약간 줄어들게 된다. 이 공기는 날개 끝 뒤쪽에서 소용돌이를 만들어낸다. 이 소용돌이는 서서히 커지면서 날개 바깥쪽의 공기를 위로 끌어 올린다.

대형을 이루어 나는 야생 기러기와 고니는 이 상승하는 공기를 이용함으로써 날 때 드는 에너지를 절약한다. 캐나다

기러기들의 V자 대형을 보면, 뒤쪽 새가 앞쪽 새의 바로 뒤가 아니라 약간 옆이나 위에서 날고 있는 것을 알 수 있다. 그러면 뒤쪽 새의 안쪽 날개 끝이 앞쪽 새의 날개에서 생기는 상승하는 공기 소용돌이 속에 걸쳐 있게 된다. 즉 편대 비행을 하면, 각 새의 날개 끝에서 유실되는 상당한 양의 힘을 다른 새들이 얻어 이용할 수 있다.

과학자 D.B.O. 새빌은 이렇게 썼다. "매킬헤니가 본 아메리카독수리가 비행기의 뒤에서 날고 있던 것도 분명 이런 이유에서였다."

아메리카독수리가 학습하는 능력을 지니고 있다는 사실은 새의 비행에도 융통성이 있다는, 즉 새도 필요에 따라 비행 방식을 바꾸는 능력이 있다는 것을 보여주는 또 하나의 사례였다. 또 그것은 새들이 자신의 삶을 더 편하게 만드는 능력이 있음을 보여주는 사례이기도 했다.

새들의 야간 이주

어느 봄날, 이스턴 항공사의 닐 맥밀런 기장은 비행기를 조종하고 있었다. 그는 짙게 끼어 있는 구름 위로 1000미터 상공의 맑은 하늘을 날고 있었다. 그러던 중 갑자기 작은 새 한 마리가 비행기에 부딪혔다. 맥밀런 기장은 본래 새에 관심이 많아서 비행할 때면 새들이 있는지 살펴보곤 했다. 그는 착륙한 뒤 비행기 날개에서 회색고양이새의 잔해를 발견했다. 그 높이에서 그렇게 작은 새를 보는 것이 아주 드문 일이었다.

회색고양이새는 철새이므로 이주하고 있었던 것이 분명했다. 그렇게 높이서 날 뿐 아니라 낮에 이주하고 있었다는 것도 놀라웠다. 철새들의 약 90퍼센트는 밤에 이주하며, 해발 900미터 이상으로는 올라가지 않는다고 알려져 있었다.

조류학자인 프랭크 벨로즈와 리처드 그래버는 북미의 수많은 작은 새들이 회색고양이새처럼 구름을 뚫고 높이 올라간다는 연구 결과를 발표했다. 그들은 레이더로 밤에 이주하는 새들을 관찰했다. 많은 새들이 구름 위의 높은 상공을 날아가고 있었다. 그때까지 조류학자들은 철새들이 낮게 깔린 안개 위로는 날아가지만, 진눈깨비나 비가 계속 내리면 모두 땅에 내려앉는다고 알고 있었다. 하지만 이들은 새들이 소나기 속에서도 날아간다는 것을 확인했다.

바다의 왕,
떠돌이알바트로스

그 무거운 몸집을 가지고도 놀라운 속도로 비행하는
알바트로스는 경이로움 그 자체다. 거의 평생을 하늘에서 보내는
떠돌이알바트로스는 이따금 날면서도 잠을 잔다.

거친 바다에서 만난 새

저 멀리 남쪽으로, 남대서양 한가운데로 배를 타고 간다고 하자. 남아메리카 해안의 리우데자네이루와 남아프리카 서쪽 해안의 월비스 만을 동서로 잇는 선상에 도착하면, 남회귀선에 닿게 된다. 이 선을 넘어서면, 지구에서 가장 고독하고 가장 바람이 많이 부는 곳이 나온다. 이곳에는 오로지 망망대해 뿐이며 수천 킬로미터는 더 가야 얼어붙은 땅 남극이 나온다.

지금까지 항해해 온 곳은 열대 바다였다. 이제 곧 우리는 남대서양의 차가운 해역으로 접어들게 된다. 공기는 더 맑고, 바다는 짙푸르고, 서풍이 계속해서 부는 곳이다. 우리는 전 세계에 걸쳐 드넓게 펼쳐져 있는 남쪽 바다의 일부인 남위 40~60도 사이로 다가가고 있다. 바로 이곳이 바다의 제왕, 거대한 떠돌이알바트로스의 고향이다.

강풍과 집채만한 파도가 계속되어 뱃사람들이 "포효하는 40도대"와 "격노한 50도대"라고 부르곤 하는 이 위도대는 세계에서 가장 거친 해역이다. 하지만 떠돌이알바트로스는 그곳에서 아무 탈 없이 살아가고 있다. 강한 서풍은 날개폭이 3.45미터인 이 새를 지탱해 준다. 떠돌이알바트로스는 날개폭이 3.6미터에 달하는 육지새인 아프리카대머리황새 다음으로 가장 큰 새이다.

끊임없이 계속 불어대는 서풍은 살아 있는 거대한 글라이더인 떠돌이알바트로스에게 일 년에 지구를 서너 번 돌고 육지에 발 한 번 디디지 않고도 바다 위를 몇 달, 심지어 몇 년 동안 날 수 있는 힘을 준다.

우리 배가 남위 30도(위도 1도의 거리는 약 111킬로미터이다)에 도달하면, 우리는 적도에서 남쪽으로 약 300킬로미터 떨어져 있는 셈이 되며, 떠돌이알바트로스의 분포 범위 중 가장 북쪽 끝에 와 있는 것이다. 생물들이 적은 비교적 따뜻한 바닷물과 달리, 이곳 찬물에는 "바다의 풀"인 미세한 돌말들이 가득하다. 그리고 수많은 작은 갑각류들이 이 돌말들을 먹으며 살고 있다. 그 중 노르웨이 고래잡이들이 "크릴"이라고 부르는 난바다곤쟁이류는 물고기, 바다새, 몇몇 바다표범, 가장 몸집이 큰 몇몇 고래의 주요 먹이다. 우리는 세상에서 가장 풍요로운 바다에 와 있다. 이곳에는 깊은 곳까지 작은 동식물(플랑크톤)들이 무리 지어 살면서, 수많은 바다생물들을 먹여 살리고 있다. 떠돌이알바트로스에게 이곳은 지속적인 바람과 풍부한 먹이가 조화를 이루는, 그야말로 살기 좋은 곳이다. 이제 우리는 이들이 어서 나타나 주기만을 고대하며 바다만 보고 있으면 된다.

바로 그때, 파도 저 멀리 400미터쯤 떨어진 곳에 하얀 점이 반짝인다. 거대한 새가 파도 위를 스치듯 낮게 날다가 갑자기 하늘로 솟아오른다. 새가 선회하자 몸과 날개와 꼬리가 하얀 십자가를 그린다. 그러다가 바닷속으로 뛰어들어 깊은 홈을 파면서 사라진다. 그 새는 멀리 떨어진 곳에서 솟아올라 바다 위 12~15미터 상공의 바람 속으로 들어간다. 그런 다음 다시 하강해 수면을 스치듯 길게 날아간다. 이 새는 시속 110킬로미터 이상의 빠른 속도로 활공하기 때문에, 순식간에 멀어졌다가 바다에 깊은 홈을 만들면서 몸을 감춘다. 그러다가 물 위로 솟아올라 선회한 뒤, 또 다시 물 속으로 뛰어들어 홈을 만든다. 드넓은 푸른 바다의 고독한 새답게.

떠돌이알바트로스가 수월하게 비행하는 모습은 지켜보는 사람들에게 끝없는 경이를 안겨 준다. 이 무거운 새는 몸무게가 90킬로그램이 넘으며, 몸길이가 1.35미터 정도로, 커다란 고니만하다. 그런데도 고요한 연못 속을 유유히 헤엄치는 물고기처럼 그냥 공중을 붕붕 날아다닌다. 옛날 뱃사람들은 그 새에게 "바다새들의 제왕"이나 "바다의 왕"이라는 칭호를 붙여 주었다.

사람들은 떠돌이알바트로스가 나는 장엄한 모습에 감동하지만, 식성 역시 그에 못지 않아 감탄이 절로 나온다. 떠돌이알바트로스는 몸집이 큰 탓에 살기 위해 계속 먹이를 찾아야 하며, 비행 자체도 거의 언제나 먹이를 찾는 게 일차적인 목적이다. 수면 근처에서 헤엄치고 있는 오징어 같은 두족류를 먹기 위해 물 위로 탐욕스럽게 접근할 때에는, 날면서 간간이 물속의 먹이를 건져 올리는 걸 포기하고 아예 "식탁에 내려앉는다". 그리고 이들은 배에서 내버리는 음식 찌꺼기를 먹기 위해 며칠 동안 배를 졸졸 따라다니기도 한다. 어떤 조류학자들은 떠돌이알바트로스가 세상에서 가장 입맛이 까다로운 새라고 믿고 있다.

볼수록 신기한 새

미국 자연사 박물관의 머피 박사는 남쪽 바다에 사는 바다새들에 관한 한 세계 최고의 권위자에 속한다. 그는 떠돌이알바트로스 서너 마리가 배 뒤를 따르고 있을 때, 누군가 한 마리를 총으로 쏘아 떨어뜨리면 나머지 동료 새들이 그 뒤를

배에서 버리는 음식 찌꺼기 때문에, 알바트로스는 며칠 동안 배 뒤만 졸졸 따라다닌다.

따라 물로 뛰어들어 죽은 동료를 갈가리 찢어발긴다고 썼다. 머피 박사는 그들이 물에 빠진 사람도 그렇게 공격할 것이라고 썼다.

일차 세계대전 때 포클랜드 제도에서 영국과 독일의 군함들 사이에 전투가 벌어진 뒤, 영국 순양함 켄트 호 선원들은 보트를 타고 독일 순양함 뉘른베르크 호의 생존자들을 구하러 갔다. 남아메리카의 남쪽 끝에 자리한 포클랜드 제도는 떠돌이알바트로스의 활동무대이다. 선원들은 배를 뒤따르던 수많은 굶주린 알바트로스들 중 몇몇이 물 위에 떠 있으려 애쓰고 있는 사람들을 덮쳐 공격했다고 보고했다.

머피 박사는 오래 전 오스트레일리아로 가는 범선에서 배 밖으로 떨어진 한 선원이 겪은 놀라운 이야기도 덧붙였다. 그 선원은 즉시 떠돌이알바트로스의 공격을 받았다. 새는 물 위로 하강해 그에게 돌진했다. 바다에서 헤엄치고 있는 사람에게 떠돌이알바트로스의 칼처럼 끝이 날카로운 15~20센티미터 길이의 부리는 가공할 무기이다. 선원은 필사적으로 몸을 끌어올려 그 새의 머리와 목을 움켜쥐었다. 그리고는 그 새가 익사할 때까지 새의 머리를 물 속에 처박고 버텼다. 그런 다음 둥둥 뜬 그 새의 시체를 붙들고 표류했다. 만일 그 새를 붙들고 있지 않았다면, 무거운 장화와 옷 때문에 익사했을 것이다. 한 시간 뒤 그는 다른 선원들에게 구조되었다. 그들은 그 새가 한 달 만에 처음 목격한 알바트로스라고 말했다.

떠돌이알바트로스는 수면에서 먹이를 잡아먹는 동물이다. 그래서 물에 먹이처럼 보이는 게 비치기만 해도 바로 옆에 내려앉는다. 특히 하얀색을 띤 것이 보이면 그렇다. 영국의 남극 탐사선 디스커버리 호에 탔던 에드워드 윌슨 박사는 황량한 남쪽 해양에서 죽은 한 알바트로스의 위장에서 나온 것들을 기록했는데, 그 중 가장 기이했던 것은 "추기경의 초상화가 찍혀 있는 반쯤 소화된 로마 카톨릭 소책자"였다. 그 알바트로스가 그것을 수면에서 어떻게, 왜 삼켰는가는 아직도 수수께끼다.

자, 이제 우리 배가 남쪽으로 더 나아가 포효하는 40도대로 접어들면, 또 하나의 떠돌이알바트로스가 나타난다. 이곳에서는 바다 위로 시속 55~65킬로미터의 서풍이 부는 것이 일상적이다. 육지에서라면 강풍에 속한다. 나뭇가지가 뒤흔들리고 모자가 바람에 날려가지 않도록 꼭 누르고 있어야 할 정도의 바람이니까. 이런 바람이 부는 바다에서는 물마루 사이의 거리가 약 90미터에, 깊이가 45~60센티미터쯤 되는 긴 너울이 생긴다. 구름 한 점 없는 파아란 하늘 아래, 심하게 너울이 이는 초록빛 바다가 수평선 끝까지 드넓게 펼쳐져 있다. 서풍과 우현에 부딪히는 출렁이는 물결 때문에 남쪽으로 향하고 있는 우리 배는 심하게 요동치고 있다.

떠돌이알바트로스는 대개 홀로 다니지만, 지금은 세 마리도 나타나고, 여섯 마리 정도가 우리 곁을 맴돌다가 빠른 속도로 멀어지기도 한다. 그들은 지나가는 배가 바다의 수면을 헤집어 놓아 자신들의 먹이인 오징어를 끌어들일 뿐 아니라, 배 밖으로 음식 찌꺼기도 곧잘 버린다는 것을 알고 있다. 그래서 떠돌이알바트로스는 우리 뒤를 바짝 뒤따른다. 우리 배의 우현 위 약 15~18미터 상공, 배 뒤에 생기는 자취 바로 앞쪽에서 날고 있다. 배가 가는 길을 그대로 좇으면서 약간

알바트로스는 비행기처럼 날아오를 때
긴 활주로나 절벽이 있어야 한다.

뒤쳐져서 남쪽으로 활공하기도 한다. 가까이 있기에, 우리는 그 새가 날개와 발과 꼬리를 끊임없이 조금씩 움직이고, 자신의 "돛"을 바람에 맞게 조절하고, 서두르지 않고 손쉽게 비행 속도를 조절하는 모습을 잘 볼 수 있다.

그 장엄한 날개는 진화의 경이 중 하나다. 우리 머리 위에서 날고 있는 그 새의 좁은 날개는 끝에서 끝까지 쫙 펼친 길이가 3.4미터이고 앞뒤 길이는 20~23센티미터이다. 우리는 모든 생물들이 지닌 것 중 가장 뛰어난 "돛"을 보고 있는 셈이다. 하지만 떠돌이알바트로스의 조상들 중에는 날개폭이 훨씬 더 큰 것도 있었을지 모른다. 20세기 초에 고생물학자들은 나이지리아에서 3400~5800만 년 전에 살았던 알바트로스로 추정되는 거대한 새의 가슴뼈를 발굴했다. 그들은 이 고대 새의 날개폭이 6미터라고, 즉 그 새가 떠돌이알바트로스보다 두 배나 되는 길고 좁은 날개를 갖고 있었다고 믿는다.

날개 구조로 볼 때, 떠돌이알바트로스는 날아다니는 새들 중 가장 분화한 편에 속한다. 거의 평생을 하늘에서 보내는 이 새는 이따금 날면서 잠도 잔다. 이 새를 배 위에서 애완용으로 키워 본 선원들은 이들은 날개가 너무 길어서 비좁은 갑판에서 날 수 없다는 것을 알았다.

떠돌이알바트로스는 일 년에 서너 달 동안 남반구 바다

한가운데 외딴 섬들에 둥지를 튼다. 그들은 둥지에 앉아 있을 때는 아주 얌전하고 겁이 없어서, 사람이 다가가서 어루만지거나 들어올려도 가만히 있다. 이들은 이륙하려면 뛰어가서 공중으로 떠오를 수 있는 활주로나 절벽이 있어야 한다. 그들은 달릴 때 날개를 활짝 펼쳐서, 연처럼 바람 속으로 떠오른다.

정말 완벽한 글라이더처럼

우리 머리 위에 떠 있는 이 새에게서 특히 놀라운 점은 날개의 모양과 구조이다. 수리나 독수리 같은 활공 비행을 하는 육지새들은 날개가 넓은 반면에, 이 새는 아주 길고 좁은 안쪽 날개와 좁은 바깥쪽 날개, 즉 "손"날개를 갖고 있다. 짧은 바깥쪽 날개에는 대부분의 새들과 마찬가지로 정상적인 첫째날개깃, 즉 비행날개깃이 10개 나 있다. 하지만 대다수 새들은 안쪽 날개(활공 부위)에 6에서 12개의 둘째날개깃을 갖고 있는 반면, 이 새의 긴 안쪽 날개에는 둘째날개깃이 적어도 40개는 된다.

날개 속에서 날개의 틀을 이루고 있는 뼈는 아주 가볍다. 다른 새들의 뼈도 그렇듯이, 그 뼈는 속이 텅 비어 있고 골수 대신 공기가 차 있다. 그러면서도 무게에 비해 아주 튼튼하다. 우리는 고속 활공 능력과 최대의 양력을 지닌 살아 있는 글라이더를 보고 있는 셈이다. 또 우리는 부력을 높이는 데 도움이 되도록 그 긴 날개가 위로 굽어 있다(캠버라고 한다)는 것도 알 수 있다. 떠돌이알바트로스의 날개는 가로 세로의 비율, 즉 날개폭과 앞뒤 길이의 비가 약 18:1로 대단히 크다. 이것은 인간이 만든 가장 효율적인 글라이더들의 날개와 비슷한 수치이다.

알바트로스는 수면에서 약 15미터 높이에서 비교적 낮고 능숙하게 날 수 있다는 점에서 가장 성능 좋은 글라이더보다 훨씬 더 효율적이다. 인간의 글라이더는 단 한 번도 이런 식으로 날아 보지 못했으며, 앞으로도 이론 수준에 머물러 있을지도 모른다. 곧 우리는 머리 위에 날고 있는 새의 시범 비행을 보게 될 것이다.

쌍안경을 들이대니, 떠돌이알바트로스의 커다란 갈색 눈까지 보인다. 절묘한 유선형의 하얀 몸통은 물고기의 몸을 연상시킨다. 몸 뒤쪽으로 쭉 뻗은 물갈퀴가 달린 커다란 발은 하얀 꼬리보다 몇 센티미터 더 뒤로 튀어나와 있다. 이 새는 다 자란 상태이다. 새까만 첫째날개깃과 바깥쪽 날개 가장자리만 빼고 온몸이 눈처럼 새하얗게 빛나고 있다. 새는 발과 꼬리를 날개의 보조 도구로 삼아 비행 자세를 조정했다.

하지만 우리 배 위쪽 바로 뒤에서 날고 있는 이 새는 이따금 활공 비행의 에너지원을 재충전하지 않으면 계속 그 위치를 유지할 수 없다. 물 밖으로 나와 낮게 부는 바람을 탈 때처럼 날개를 칠 수는 있지만, 계속 비행을 할 때는 활공에 의존한다. 우리를 계속 따라오려면, 정기적으로 재충전할 수 있는 에너지원을 찾아야 한다. 자동차나 비행기가 연료를 다시 채워야 하듯이, 알바트로스도 "연료를 보급해야" 한다. 이 새는 그 에너지를 바람에서 얻는다. 어떻게 그럴 수 있는지를 알려 줄 극적인 사례가 곧 눈앞에 펼쳐질 테니 기대하시라.

알바트로스는 이제 빠르게 우리를 앞지른다. 그러더니 급하게 직각으로 몸을 틀더니, 배에 직각으로 부는 바람을 탄다. 알바트로스는 밑에서 볼 때 납작한 W자가 될 때까지 날개를 옆구리 쪽으로 당긴(구부린) 뒤, 바람을 꽁지에 달고 빠르게 급강하하면서 우리에게서 멀어져 간다. 그 유명한 동적 활공 비행이 시작된 것이다. 새는 바다를 향해 길게 활공

알바트로스는 바다 수면 가까이에서 생기는 돌풍을 타고 올라갔다가, 높은 곳에 있는 더 빨리 움직이는 공기층에서부터 하강을 시작한다.

하면서 아래로 아래로 내려간다.

　활공은 바람이 시속 65킬로미터로 불고 있는, 15~18미터 상공에서 시작된다. 자신의 활공 속도가 적어도 시속 50킬로미터쯤 되고, 거기에다 강풍까지 더해지자, 알바트로스는 바다를 향해 점점 더 빠르게 하강한다. 하강함에 따라, 새는 점점 더 바람이 느린 공기층으로 들어간다. 바다에 가까이 다가갈수록, 수면과의 마찰 때문에 바람의 속도는 줄어든다. 몸무게, 즉 잡아당기는 중력을 방해하는 공기의 저항이 줄어들면서, 알바트로스의 속도는 점점 더 빨라진다. 수면에 거의 닿을 때쯤 하강 속도는 시속 130킬로미터를 넘어선다.

　수면에 막 부딪히려 할 때, 알바트로스는 갑자기 한쪽 날개를 수면 바로 위인 아래로 기울이면서 급격히 선회한다. 새는 오른쪽으로 급격히 선회해서 우리 배와 나란히 남쪽을

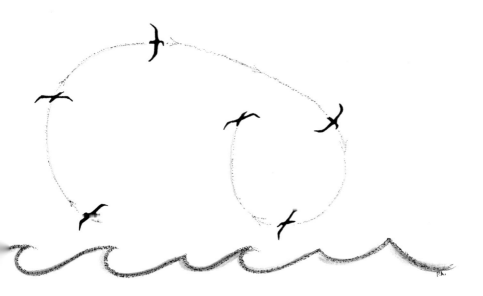

향한다. 마치 우리와 경주를 하는 듯하다. 이번에는 수면 위를 낮게 스치면서 난다. 낮은 물결 사이로 잠시 모습이 사라진다. 하지만 속도는 줄지 않는다. 새는 다시 물 위로 솟아오른다. 아직 배 옆에서 날고 있다. 새는 우리 쪽을 향해 높이 상승했다가 우리 배 상공의 공기 속으로 다시 들어오려는 듯이 선회해서 예상대로 우리 배 위로 돌아온다.

파도 위로 다시 상승할 때에도 알바트로스의 속도는 시속 약 110킬로미터에 달하며, 물마루에서 생기는 강한 상승기류가 추진력을 더해 45센티미터쯤 올라온다. 새가 자체 추진력을 얻어 더 위로 앞으로 가속함에 따라, 바람 속으로 들어가는 속도도 더 빨라진다. 수면에서 60센티미터쯤 올라올 무렵에는 속도가 110킬로미터 이상이 되며, 이제 새는 시속 60킬로미터쯤 되는 맞바람을 맞으며 수평으로 움직인다. 급격한 각도로 날 때도 이렇게 속도를 일정하게 유지함으로써, 알바트로스는 하강할 때 비축한 여분의 에너지를 상승하는 데 이용한다.

그 큰 새가 약간 위쪽으로 몸을 기울여 바람을 뚫고 나아가 배 약간 뒤쪽으로 원래의 높이인 상공 15~20미터에 도달할 무렵에도 속도는 여전히 시속 105~110킬로이다. 이제 새는 몸을 수평으로 하면서 배가 가는 남쪽 방향으로 선회해 전처럼 비행한다. 단 한 번도 날갯짓을 하지 않은 채 원래 있던 곳과 거의 똑같은 장소로 돌아왔다. 동적 활공, 즉 바람으로부터 얻은 에너지(상승하고 앞으로 나아가는 속도)를 활용해서 배 약간 뒤쪽으로 돌아온 것이다. 이제 다시 계속 앞으로 활공하면서 배가 지나며 만들어내는 물거품을 훑어보며 물 속의 먹이를 찾는다. 우리는 바람이 불어 몸을 실을 수 있으면, 이들이 먹이를 찾아 물 위로 내려앉는 광경을 더 자주 볼 수 있다는 것을 알게 된다.

사라지는 야생새들

우리 배를 따라오던 알바트로스가 갑자기 물로 뛰어든다. 수면 가까이 내려앉은 새는 날개를 높이 쳐들고 꼬리를 내린다. 내려앉기 직전, 새는 빙상 선수가 속도를 줄일 때 뒤꿈치로 빙판을 눌러 얼음을 긁듯이, 물갈퀴가 달린 넓적한 발을 앞으로 쭉 내밀어 수면에 내려앉는 속도를 조절한다. 알바트로스는 날개를 높이 들면서 약간 접은 상태에서, 몸을 앞으로 기울여 물에 있는 먹이를 덮친다. 새는 먹이를 꿀꺽 삼킨 뒤, 바람이 부는 쪽으로 몸을 돌려 물마루까지 올라간 다음, 날개를 활짝 펼쳐 공중으로 떠올라 바다에서 떠날 듯한 자세를 취한다.

때때로 남반구 대양을 휩쓸곤 하는 아주 강한 바람이 불어닥치면, 알바트로스는 자세를 유지하지 못하고 강풍에 휘

래이산알바트로스

짧은꼬리알바트로스

검은발알바트로스

열대 무풍대를 건너 북태평양에
자리를 잡은 알바트로스들

말려 배에서 멀어져 간다. 이런 폭풍이 불 때면 알바트로스는 아예 모습을 감춘다. 그들이 어디로 가는지 또는 무엇을 하고 있는지는 아무도 모르는 듯하다. 몇몇 조류학자들은 그들이 바람이 닿지 않는 높은 곳에 떠 있거나 높은 파도의 깊은 골을 찾아 물 위에 내려앉아 바람이 지나갈 때까지 기다린다고 믿는다.

전 세계에는 알바트로스가 12종이 있는데, 그 중 9종이 남회귀선 남쪽에 산다. 남반구에 사는 종이 북반구에서 목격되는 경우도 가끔 있지만, 최근에는 북대서양까지 오는 새들이 거의 없는 듯하다. 플로리다 박물관의 올리버 오스틴 박사는 그들이 북반구로 오지 않는 이유에 대해 흥미로운 이론을 제시했다. 그는《세계의 새들》이라는 저서에 이렇게 썼다.

대서양과 태평양의 적도를 가로지르며 놓여 있는 바람이 없는 열대 무풍대는 이 커다란 활공 전문가들을 가로막는 효과적인 장벽이다. 그 장벽을 건너는 데 성공하는 개체들은 거의 없다.

오스틴 박사에 따르면 래이산알바트로스, 검은발알바트로스, 짧은꼬리알바트로스 세 종은 열대 무풍대를 건너 북태평양에 자리를 잡았으며, 약 2백만 년 전 엄청난 기후 변화와 함께 북반구가 빙하로 뒤덮였던 대빙하기보다 훨씬 이전에 건너갔다고 한다.

하지만 과학자들은 빙하기보다 앞선 선신세 때에도 알바트로스들이 북대서양의 바람 속을 활공했다는 증거를 갖고 있다. (과학자들은 미국에서는 선신세가 1200만 년에서 100만 년 전까지 진행되었다고 추정해 왔다.) 지난 백 년 사이에 잉글랜드와 플로리다의 선신세 지층에서 알바트로스의 화석 뼈가 몇 개 발견되었다.

오스틴 박사는 역사 시대에는 남반구 대양에서 북대서양으로 들어가려고 시도한 알바트로스가 거의 없었기 때문에 북대서양에 자리를 잡은 종이 없다고 본다. 제임스 피셔와 R. M. 로클리는 《바다새》라는 책에 찬탄하는 어조로 방랑하는 알바트로스들의 이야기를 이렇게 기록하고 있다.

길을 잃어 북대서양을 찾아온 22마리 중 가장 의외의 손님은 관코류(tubenose)*의 왕인 알바트로스이다. 북대서양과 북극해 지역에 그들이 출현했다는 것은, 가장 잘 적응한 새들도 이따금 실수를 해 자기 서식 영역을 제대로 찾아가지 못했다는 것 때문이 아니라 세계에서 가장 큰 그 바다새들이 놀라운 인내력과 비행 능력을 보였다

* 관코류는 일부 조류학자들이 알바트로스, 바다제비, 풀마갈매기, 폭풍바다제비, 잠수바다제비 등 부리의 이랑을 따라 관이 쌍으로 나 있는 바다새들을 일컬을 때 쓰는 말이다. 이 새들은 이 관을 이용해 공기를 들이마셔서 콧구멍과 폐로 보낸다. 그래서 "관코류"(정식 학명은 *Tubinares*)라는 이름이 붙었다.

는 점 때문에 정말로 기념비가 될 만한 사건이다. 길을 잃어 북대서양으로 들어온 알바트로스는 모두 다섯 마리이다. 모두 남반구에서 번식하는 종류들이다.

이 다섯 마리 중에 떠돌이알바트로스 한 마리는 1909년 크리스마스 직전에 총에 맞아 런던의 가축 시장에서 칠면조들과 함께 내걸리는 운명을 맞이했다. 남반구 바다에 사는 또 다른 종인 노란코알바트로스도 캐나다의 세인트로렌스 강과 미국 메인 주 해안에 도착했다.

남반구에 살면서 북대서양에 가장 자주 나타나는 알바트로스는 검은눈썹알바트로스이다. 이 종은 대개 남회귀선에서 남위 60도 사이에 산다. 피셔와 로클리는 그들이 북대서양에 나타났다는 기록을 9건 찾아냈다. 커시먼 머피 박사는 저서인 《남아메리카의 바다새들》에서 검은눈썹알바트로스가 공중에서 거의 적수를 찾아볼 수 없을 정도로 강한 비행사라고 썼다. 그렇지만 그는 북대서양에서 검은눈썹알바트로스와 떠돌이알바트로스가 목격된 기록들을 살펴볼 때에는 그 새들이 19세기와 20세기 초에 범선에 실려 왔을 가능성도 염두에 두어야 한다고 덧붙였다.

남반구 대양에서 바람이 없어 범선이 꼼짝 못할 때 뱃사람들은 재미로 돼지고기를 미끼 삼아 알바트로스를 낚곤 했다. 바람이 없는 바다 위를 떠돌던 굶주린 알바트로스들은 허겁지겁 미끼에 달려들었다. 뱃사람들은 이 새들을 애완동물로 키우다가 배가 북쪽으로 가서 유럽 근처에 도달할 때쯤 풀어 주곤 했다. 북유럽까지 날아와 대단한 유명세를 치렀던 남반구의 알바트로스들 중에 이런 식으로 오게 된 것들도 있을지 모른다.

1860년 봄 대서양에서 영국 제도의 북쪽에 있는 페로 제도에 남반구 대양에 사는 검은눈썹알바트로스 한 마리가 날아왔다. 이 새는 매년 봄 페로 제도의 가장 서쪽에 있는 마이키너스호움 섬의 바위 절벽에 둥지를 트는 흰색의 커다란 바다새인 가네트 무리에 섞여 지냈다.

이 알바트로스는 남반구를 항해하던 배에 실려 왔거나, 심한 강풍에 실려 왔을 수도 있다. 아무도 모른다. 하지만 그 섬 주민들은 그 새가 그곳에서 가네트들과 함께 지내는 것을 34년 동안 보아 왔다. 주민들은 그 알바트로스가 바위 절벽에서 늘 가네트들과 함께 지내면서 매일 북대서양의 물에서 그들과 함께 먹이를 먹는 것을 보았다. 매년 가을이면 그 새는 가네트들과 함께 절벽을 떠나 남쪽으로 떠났다가, 다음 해 봄이면 다시 그들과 함께 페로 제도로 돌아왔다.

섬 주민들은 그 새에게 경외심을 가지고 있었고 그 새를 "가네트들의 왕"이라고 불렀다. 그러던 중 1894년 5월 11일

섬을 찾은 한 외지인이 그 새가 너무나 특이하다는 것을 알고 총으로 쏘아 잡았다. 그 새는 코펜하겐 박물관으로 보내졌다. 과학자들은 그 새가 암컷임을 알았다. 피부와 깃털은 과학 표본으로 보존되었다. 자기 고향에서 수천 킬로미터를 날아와 다른 종류의 새들과 함께 사는 쪽을 택했다는 놀라운 이야기도 함께 기록으로 남았다.

이 검은눈썹알바트로스는 또하나 놀라운 기록을 남겼다. 이 새는 1961년까지 세상에서 가장 오래 산 야생 새라는 기록을 유지했다. 그러다가 1961년에 독일 헬골란트 보겔바르테에서 새끼 때 끼워진 고리를 찬 검은머리물떼새 한 마리가 자기 둥지에서 포획되었다. 그 새의 나이는 34살이었다. 그 새는 1963년, 36살 때 마지막으로 포획되었다. 그 새는 가장 오래된 고리를 가진 야생 새였다.

뒤로 날아가는 새

몸짓은 작아도 제일 바삐움직이는 벌새는 새 중에서 유일하게
뒤로도 날 수 있다. 제임스 오두본은 이 새를 "공기처럼 가볍고
우아하게, 이꽃 저꽃 날아 다니는 무지개 조각"이라고 감탄했다.

가장 빠른 날갯짓

부드러운 공기를 뒤흔들며, 빠르게 날개짓을 치는 "윙윙" 소리가 들렸다. 우리 집 문가에 있는 인동덩굴에 모여든 꿀벌들의 감미로운 윙윙거림 사이로, 화난 듯이 날카롭게 찍찍거리는 소리가 조금씩 터져 나왔다. 내다보니 공중에 흐릿한 형체가 눈에 보이지 않을 정도로 쏜살같이 돌진하는 게 보였다. 그 흐릿한 형체는 서로 뒤엉켜 있는 땅벌만한 작은 새 두 마리였다. 그들은 내 정원의 잔디와 꽃들 위로 앞서거니 뒤서거니 하면서 서로를 뒤쫓고 있었다.

그러다가 갑자기 보이지 않는 끈에 걸려 하늘로 당겨진 양, 그들은 곧장 위로 올라갔다. 그리곤 몇 센티미터 떨어져서 서로를 마주보았다. 위로 올라가면서도 그들은 칼싸움을 하는 검객들처럼 연신 가늘고 긴 칼처럼 생긴 부리로 서로를 겨누고 찔러댔다. 밝은 햇살 아래 붉은목벌새 수컷 두 마리가 격렬한 결투를 벌이고 있었다. 4월의 눈부신 아침에, 그들은 내 정원에 있는 붉은 진달래꽃의 꿀을 빨아먹을 권리를 놓고 결사적으로 싸우는 중이었다.

똑바로 서 있는 작은 벌새들의 모습이 밝은 하늘을 배경으로 검은 윤곽으로 나타났다. 날갯짓이 얼마나 재빠른지 몸통 옆으로 희미한 그림자 같은 윤곽만 보였다. 그들은 올라가면서 초당 약 70번 날개를 친다고 한다. 고속 촬영으로 벌새가 날갯짓하는 속도를 잰 과학자에 따르면 세계에서 가장 빠른 날갯짓이라고 한다. 이보다 더 빨리 날갯짓을 하는 새는 남아메리카에 사는 몸집이 더 작은 벌새뿐이다. 남아메리카 벌새는 초당 80번 날개를 움직인다.

　싸우고 있던 두 붉은목벌새들은 갑자기 근처 숲으로 곧장 날아가 사라졌다. 약한 바람이 불고 있었다는 점을 고려할 때, 그들은 적어도 시속 50킬로미터로 움직였다.

　어느 여름 날 차를 몰고 있는데, 갑자기 붉은목벌새 한 마리가 나타나더니 짧은 거리이긴 했지만 고속도로를 달리고 있는 내 차와 보조를 맞추며 날았다. 차의 속도계를 보니, 시속 80킬로미터였다. 강한 바람이 벌새와 나의 등 뒤에서 불어오고 있었다. 바람 덕분에 벌새는 자신의 최대 비행 속도보다 더 빨리 날았던 것이 분명했다. 벌새의 최대 비행 속도는 시속 43킬로미터 정도라고 한다.

　붉은목벌새는 미시시피 강 동쪽에 사는 유일한 벌새이다. 수컷의 몸길이는 약 7~9센티미터다. 날개폭은 10센티미터며 몸무게는 동전 하나의 무게 정도인 약 3그램이다. 남, 북, 중앙 아메리카와 카리브 해의 섬들에 사는 320종의 벌새들(몸길이가 5~20센티미터까지 다양하다)과 비교하면 작은 편에 속한다. 쿠바와 누벨칼레도나의 일데펭에 사는 몸길이 5센티미터의 꿀벌새가 세상에서 가장 작은 새이다. 벌새는 엄밀히 말해 아메리카의 새이며, 서반구에만 산다. 수천 킬로미터에 달하는 드넓은 태평양과 대서양에 가로막혀 유럽, 아시아, 아프리카로 건너가지 못한 것이 분명하다.

벌새는 거의 모든 면에서 독특하다. 이들은 남북아메리카에서 편평한 해안가에서 가장 높은 산맥의 꼭대기에 이르기까지 온갖 다양한 지역에서 살고 있다. 남아메리카의 한 벌새는 해발 3,600~4,500미터 사이에서만 산다. 산 속의 밤은 무척 춥기 때문에, 이 벌새들은 겨울잠을 자는 동물들처럼 체온을 떨어뜨리고, 아침까지 살아남을 에너지를 보존하기 위해 겨울잠과 비슷한 휴면 상태에 들어간다.

벌새는 열대 정글과 온대 숲, 사람들이 사는 집 뒤뜰과 정원, 평원과 사막 등 가리지 않고 모든 고도와 기후대에서 살아간다. 벌새는 언제 어디에서든 꽃이 피기만 하면 살 수 있다. 몸집이 작고, 날면서 정지하고 뒤로 갈 수도 있는 독특한 능력 덕분에, 그들은 경쟁하는 새들이 거의 없는 꿀과 작은 곤충들의 세계로 들어갈 수 있었다. 꽃 속으로 말이다.

몇몇 벌새들은 장거리 비행을 할 수 있어서, 아메리카 대륙의 북쪽 끝까지 날아가기도 한다. 갈색벌새는 알래스카에 둥지를 틀며, 매년 가을이면 약 3천 킬로미터 떨어진 남쪽 멕시코로 날아와 겨울을 난다.

벌새는 몸집이 작고 아주 잽싸게 날아다니기 때문에, 매

5센티미터의 꿀벌새는 세상에서 가장 작은 새

같은 육식성 새들에게 거의 잡히지 않는다. 그들은 날개를 보이지 않을 정도로 빨리 움직이면서 정지 비행과 후진 비행뿐 아니라, 상하 직선 비행도 할 수 있다.

　이들의 날개는 모든 새들 중에 가장 특이한 방식으로 움직인다. 그들은 살아 있는 헬리콥터나 마찬가지다. 헬리콥터의 회전 날개가 원을 그리며 도는 것과 달리, 그들의 날개는 8자를 그리며 앞뒤로 움직이긴 하지만, 기동성은 거의 비슷하다. 다른 새들은 앞으로밖에 날 수 없고(바람에 밀려 뒤로 날아가는 경우를 제외하면), 날개를 아래로 칠 때 추진력과 양력의 대부분을 얻는다. 하지만 벌새는 날개를 아래로 칠 때뿐 아니라 위로 칠 때에도 힘을 얻을 수 있다. 지금부터 그 점을 자세히 살펴보기로 하자.

벌새만이 할 수 있는 일

싸우던 붉은목벌새 수컷 한 마리가 다시 우리 집 정원으로 돌아왔다. 경쟁자를 쫓아 버리고 먹이를 먹으러 온 것이 분명했다. 새가 진달래꽃 앞에서 허공에 가만히 떠 있자, 등의 깃털들이 햇빛을 받아 초록이 감도는 무지개빛깔로 반짝였다. 새가 약간 내 쪽으로 몸을 틀었을 때, 나는 가슴과 배가 티 하나 없이 하얗고 목에 있는 무지개빛의 검은 반점에서 루비처럼 빨간빛이 반짝이는 것을 보았다. 붉은목벌새의 수 컷만 이런 목 반점을 갖고 있다(암컷의 목은 하얗다. 하지만 등에는 무지개빛깔의 초록 깃털이 있다).

벌새의 목에 나 있는 반점을 "목가리개"라고 하며, 붉은 목벌새의 목가리개는 지름이 2센티미터쯤 된다. 수컷들끼리 는 목가리개를 위협과 과시용으로 사용한다. 이 목가리개는 암컷을 유혹하는 데에도 쓰인다. 현란한 구애 비행 때, 수컷 은 암컷 앞에서 추처럼 몸을 흔들면서 목가리개를 뽐낸다. 이 목가리개는 보통 때에는 검게 보이지만, 밝은 햇살을 받으면 구리빛이나 오렌지 색, 새빨간 색으로 빛난다. 특수한 구조를 한 깃털 속에서 빛이 산란해 독특한 색깔을 내게 되는 것이다.

남아메리카에 사는 몇몇 벌새들은 무지개의 모든 색깔을 내는 무지개빛 깃털을 지니고 있다. 하지만 제임스 오두본이 아메리카 대륙에서 보고 "공기처럼 가볍고 우아하게, 이꽃 저꽃 훨훨 날아다니는 이 빛나는 무지개 조각"이라고 묘사한 벌새는 야생화 앞에 가만히 떠 있는 붉은목벌새 수컷이었다.

붉은목벌새 수컷은 꽃 앞에 가만히 떠 있은 채, 머리를 앞으로 내밀어 가느다란 부리를 꽃 속으로 집어넣는다. 수백만 년 동안 적응 진화를 거쳐 길어진 벌새의 부리는 깔때기

벌새의 부리는 꽃 깊숙이 들어갈 수 있도록 진화했다.

모양의 꽃 속 깊숙이 들어가 꿀과 작은 곤충들을 찾아낼 수 있다. 꿀의 당분(당분 함량이 87퍼센트나 되는 꽃도 있다)은 바로 쓸 수 있는 에너지를 주며, 꽃에서 잡은 작은 곤충들의 단백질은 성장을 돕는다.

배가 고픈 벌새들은 때때로 부리를 꽃 속 깊숙이 밀어 넣는 대신에, 꽃의 밑동을 잘라 열기도 한다. 이런 위험에 대처하기 위해, 몇몇 꽃들은 벌새의 날카로운 부리로부터 자신을 보호하는 장치를 진화시켰다. 꽃 바깥으로 튀어나온 특수한 꿀주머니에 꿀을 담아놓는 것이다.

벌새의 혀는 아주 길어서 쭉 내밀면 부리 밖으로도 내밀 수 있다. 혀 끝은 둘로 갈라져 말려 있고 근육이 들어 있어서, 두 개의 관 같은 역할을 한다. 또 혀 바깥쪽 가장자리는 솔처럼 되어 있다. 그렇게 효율적인 혀를 지닌 덕분에, 벌새는 꿀뿐 아니라, 꽃에 있는 곤충들까지 먹을 수 있다.

어떤 벌새들은 가장 길쭉한 꽃 깊숙이 집어넣을 수 있도록 적응한 긴 부리를 갖고 있다. 몸집에 대한 부리 길이를 따져보면, 세상에서 가장 긴 부리라 할 수 있다. 붉은목벌새의 부리가 9센티미터인 몸길이의 약 5분의 1밖에 안 되는 반면(그래도 몸집이 비슷한 금관상모솔새의 부리보다 두 배나 길다), 베네수엘라, 콜롬비아, 에콰도르, 페루에 사는 칼부리벌새는 부리가 약 13센티미터나 된다. 몸집과 부리의 비율을

따져 볼 때, 이 부리는 세계에서
가장 길며, 자신의 몸통과 머리의 길이를 더한 것보다도
훨씬 더 길다. 사람이 칼부리벌새처럼 거리를 두고 먹
어야 한다면, 적어도 3~3.5미터까지 뻗을 수 있는
부리가 있어야 한다.

칼부리벌새

날개의 비밀

내가 계속 지켜보고 있던 붉은목벌새 수컷이 갑자기 오른쪽
으로 날개를 틀더니 추가 흔들리듯 몸을 옆으로 흔들었다.
그러더니 휙 하고 몇 센티미터 떨어진 다른 꽃으로 옮겨갔
다. 그곳에서 공중에 뜬 채 몸을 약 45도 위쪽으로 기울이더
니, 부리를 꽃 속으로 밀어넣었다. 날개를 재바르게 쳐대느
라 약간 떨어대는 것을 제외하면, 공중에서 거의 움직이지
않고 있었다. 나는 배율이 10배인 강력한 쌍안경으로 관찰
하고 있었다. 쌍안경으로 보니 마치 손에 닿을 것처럼 가까
이 보였지만, 날개를 아주 빨리 움직이고 있어서 여전히 날
개의 움직임을 정확히 알아볼 수 없었다. 하지만 정지하고
있었기에, 나는 벌새가 공중에 머물러 있느라 날개를 이상하
고 기묘하게 비틀고 있다는 것을 알았다.

　　1936년, 매사추세츠 공대의 해럴드 에저튼은 붉은목벌
새가 비행하는 모습을 처음으로 고속 촬영하는 데 성공했다.

벌새는 날개를 8자 모양으로 앞뒤로 움직여
정지 비행이나 뒤로 갈때 날개의 위아래를 완전히 뒤집는다.

그는 10만분의 1초마다 번쩍거리는 저압관 속에 든 섬광 전
구를 이용해, 초당 540장면을 찍었다. 그런 다음 영사막에
필름을 느린 속도로 투영하자, 벌새의 비행 방법이 고스란히
드러났다.

　날개를 8자 모양으로 앞뒤로 움직이며 정지 비행을 할
때나 뒤로 움직일 때는 날개의 위아래를 완전히 뒤집는다.
다른 새들은 절대 못하는 일이다. 그럼으로써 날개를 뒤로
움직일 때나 앞으로 움직일 때나 날개의 앞부분이 공기를 가

르게 된다. 그러면 앞뒤로 칠 때 양력이 생겨서 아래로 끌어 당기는 중력을 상쇄시킴으로써 제자리에 머물 수 있다. 그리고 날개를 그런 식으로 앞뒤로 움직이면 앞이나 뒤로 몸이 움직이는 경향이 없어진다. 벌새는 공중에 떠서 허약한 꽃에 다가가 꽃에 손상을 입히지 않은 채, 그 어떤 새도 할 수 없는 방법으로 먹이를 얻는다.

내가 지켜보고 있던 붉은목벌새는 한 꽃에서 얻을 수 있는 꿀과 곤충을 모조리 챙긴 것이 분명했다. 이제 새는 부리를 약간 위로 쳐들고는 빠르게 휙 움직여서 세워 놓은 빨래 집게처럼 공중에 똑바로 섰다. 새는 이 모든 일들을 1초도 안 되어 끝냈다. 그런 다음 커다란 벌처럼 날개를 윙윙거리면서 똑바로 선 자세로 천천히 그 꽃에서 떠났다.

붉은목벌새는 뒤로 날기 위해, 수영할 때 뒤로 가기 위해 팔을 물에 넣어 뒤에서 앞으로 밀어내듯이, 날개를 앞쪽으로 젓고 있었다. 그러면서도 끌어내리는 중력에 맞서 떠 있기 위해서, 날개를 뒤로 칠 때는 정지 비행을 할 때처럼 날개를 완전히 뒤집었다. 뒤로 칠 때 양력이 생김으로써, 그 작은 몸은 공중에 계속 떠 있을 수 있었다.

이제 벌새는 머리 위쪽으로 날개를 틀면서 약간 높은 곳에 있는 꽃 앞으로 갔다. 그런 다음 재빨리 날개를 아래쪽으로 틀면서 더 밑에 있는 다른 꽃으로 휙 옮겨갔다. 그렇게 위아래로 덤불을 돌아다니며 이꽃 저꽃에서 먹이를 먹었다. 헬리콥터의 회전 날개가 언제나 나아가는 방향으로 기울어져 있듯이, 벌새의 날개도 비행하는 방향으로 틀어져 있었다.

그러다가 갑자기 진달래 덤불을 떠나 숲으로 빠르게 날아갔다. 그 때는 다른 새들과 마찬가지로 직선으로 수평 비행을 했다. 날개를 거의 곧장 위아래로 치면서 날았지만, 날갯짓 속도가 다른 새들보다 훨씬 더 빨랐다.

과학자들은 날갯짓 속도, 즉 새가 날개를 치는 속도를 초당 몇 번으로 표시한다. 날갯짓 속도는 대체로 새의 몸집과 관련이 있는 듯하다. 몸집이 작을수록 날갯짓 속도는 더 빠르다. 벌새들은 특히 그렇다. 다리 짧은 소년이 다리 긴 소년보다 보폭이 더 짧기 때문에 걸음을 빨리 해야 하는 것처럼, 작은 새는 날개가 더 짧기 때문에 날개가 긴 몸집 큰 새들보다 날개를 더 빨리 친다.*

미국까마귀는 몸길이가 48센티미터로서, 붉은목벌새보다 몇 배나 더 크다. 미국까마귀는 정상적인 비행을 할 때 날개를 초당 2번 친다. 그보다 몸집이 작은 바위비둘기는 초당 3번을, 그리고 더 작은 흉내지빠귀는 14번을 치며, 더 작은 북미쇠박새는 27번을 친다. 그리고 아주 작은 붉은목벌새 암컷은 초당 약 50번을 치며, 그보다 더 작은 수컷은 70번을 친다.

대부분의 새는 보통 날 때 날개를 규칙적으로 치며 비행

* 벌새들은 초당 대단히 빠른 속도로 날갯짓을 한다. 하지만 벌새들과 다른 새들을 비교한 크로포드 그리너월트는 놀라운 결론에 도달했다. 몸무게와 날개 길이의 비를 따져보면, 벌새가 다른 새들보다 오히려 날갯짓을 덜 한다는 것이다. 그리너월트는 공기역학적으로 새를 연구한 자료와 다른 새들이 날개를 밑으로 칠 때에만 비행에 필요한 힘이 생긴다는 사실을 토대로 삼아 이런 역설적인 결론에 도달했다. 벌새는 날개를 아래로 칠 때뿐 아니라 위로 칠 때에도 추진력과 양력을 얻는다.

속도도 일정하지만, 필요할 때는 속도를 높일 수 있다. 위험에 처하거나 먹이감을 뒤쫓을 때면, 평소보다 날개를 더 빠르게 침으로써 더 빨리 날 수 있다. 인도에서 새들의 비행 속도를 조사하던 영국의 한 조류학자는 인도의 까마귀들이 재빨리 뛰어들 피신처가 있는 안전한 나무들 근처를 날 때는 시속 약 40킬로미터의 속도로 느긋하게 움직인다는 것을 알았다. 하지만 매나 수리의 공격을 받기 쉬운 탁 트인 곳을 가로지를 때는 시속 50~55킬로미터까지 속도를 높였다.

작은 벌새는 그렇게 계속 날개를 빠르게 칠 수 있는 놀라운 힘을 어디에서 얻는 것일까? 벌새는 다른 새들과 달리 활공 비행을 하지 않고, 공중에 있을 때 계속 날갯짓을 해야

칼리오페벌새가 앞으로 나아가는 모습

만 한다. 어느 여름날 나는 사고로 죽은 벌새를 통해 그 이유를 알 수 있었다. 그 새는 이웃집의 온실에서 달아나려 애쓰다가 그만 죽고 만 붉은목벌새 수컷이었다. 가엽게도 그 작은 새는 유리창에 부딪혀 죽었다. 얼마나 세게 부딪혔는지 목이 부러져 있었다. 매년 수많은 벌새들이 유리창에 부딪혀 죽는다. 그들은 유리창에 비친 잔디밭과 나무들을 진짜로 알고 날아오다 창에 부딪힌다.

그 아름다운 색을 띤 벌새를 집어들자, 가엽다는 생각이 들었다. 하지만 한편으로는 그 아름다움을 보존하고 싶었다. 그래서 나는 그 새를 서재로 들고 와서 자연사 박물관 조류과에서 일할 때 배운 대로 수술칼과 가위를 써서 조심스럽게 새의 가죽을 벗겨냈다. 작은 발은 숲땃쥐의 발처럼 아주 섬세했지만, 작은 나뭇가지 같은 홰에 달라붙어 있을 만큼은 강했다. 날개를 벗겨낼 때가 되자 나는 날개를 아주 세심하게 살펴보았다. 날개의 모양과 단단한 뼈의 구조에 기이하고 특이한 비행의 수수께끼가 들어 있기 때문이었다.

날개는 작고 뾰족한 모양이었으며, 끝은 약간 둥글었다. 그리고 빠른 항공기의 날개처럼 몸통의 옆구리에서부터 등쪽으로 달려 있었다. 매년 가을 해안을 따라 이주하는 철새인 물떼새와 도요새 무리, 또 내가 기르는 매 공주, 그리고 여름 하늘을 빠르게 날아다니는 굴뚝칼새나 제비의 날개와 마찬가지로 전형적인 고속형 날개였다. 벌새의 날개가 그런 새들의 날개와 다른 점은 어깨에서 직접 회전 운동을 할 수 있다는 것이었다.

벌새를 제외한 모든 새들은 어깨, 팔꿈치, 손목 세 군데에서 날개를 움직인다. 그들은 실제 긴 비행날개깃이 달려 있는 바깥쪽 날개, 즉 손목 바깥쪽을 이용해 난다. 이른바 "손날개"나 프로펠러라고 불리는 부위이다. 비행기의 고정되어 있는 날개가 하늘에 계속 떠 있도록 양력을 제공하는 것처럼, 새 날개의 안쪽 부분은 공중에 계속 떠 있도록 하는 역할을 한다.

하지만 벌새의 날개는 그렇지 않다. 벌새는 날개 전체가 "손날개" 즉 프로펠러다. 벌새가 활공 비행을 하지 않는 이유도 그 때문이다. 벌새는 어깨에서부터 날개를 움직인다. 그렇게 해서 날개를 놀라울 정도로 자유롭게 움직일 수 있고 공중에서 기동성을 발휘할 수 있다.

하지만 날개를 빠르게 움직이는 힘의 근원은 벌새의 가슴 근육이다. 가슴 근육(비행 근육)은 날갯짓을 하는 모든 새들의 진짜 엔진이다. 가장 힘차게 하늘을 나는 새들은 가슴 근육이 몸무게의 15~25퍼센트를 차지한다. 그보다 상대적으로 더 발달한 붉은목벌새의 가슴 근육은 몸무게의 약 30퍼센트를 차지한다.

새의 비행 근육은 두 색깔, 즉 두 종류로 나뉜다. 벌새, 오리, 기러기, 그리고 빨리 나는 철새들은 빨간색, 텃새인 메추라기, 멧닭, 꿩 등 짧은 거리에서만 순간적으로 빠른 속도를 내며 날 수 있는 새들은 흰색의 비행 근육을 갖고 있다. 빨간색 비행 근육에는 혈관, 산소, 연료가 충분히 공급되기 때문에, 훨씬 더 오래 버틸 수 있고 장거리 비행에 맞게 적응되어 있다. 반면 흰색 비행 근육은 혈관과 산소가 적기 때문에, 지속적인 장거리 비행을 할 수 없다.

어느 날 나는 뉴저지 주 남부의 한 농장에서 사냥꾼과 사냥개에게 쫓겨서 몇 차례 땅 위에서 폴짝거리며 달아나는 메추라기를 따라가 보았다. 메추라기는 얼마 못 가 지치고 말았다. 메추라기는 쉽게 잡혔다. 나는 그 새를 잠시 손에 쥐고 있었다. 메추라기가 충분히 쉬었을 때, 나는 그 새를 하늘로 던져 올렸다. 그러자 메추라기는 힘차게 날아갔다.

날아다니는 모든 새들의 날개에는 강한 내림근이 있어서 날개를 아래로 치는 힘을 준다. 하지만 대부분의 새들은 날개를 위로 올리는 올림근이 상대적으로 약하다. 벌새는 예외이다. 벌새의 날개를 빠르고 강하게 들어올리는 올림근은 몸집을 고려했을 때 상대적으로 다른 새들의 것보다 훨씬 더 크다. 이것이 벌새가 정지 비행을 하고 헬리콥터처럼 움직이며 다양한 비행 기술을 구사할 수 있는 능력을 지니게 된 또

한 가지 비밀이다.

작은 몸집의 대식가

하지만 벌새가 놀라운 비행을 하는 데 필요한 많은 에너지를 어떻게 얻는가를 알아야 했다. 벌새의 발전소, 즉 연료 공급소는 모터를 어떻게 돌릴까?

과학자들은 인간이나 벌새 같은 생물들의 에너지 출력을 측정하고 정의할 때 "물질 대사"라는 말을 쓴다. 생물의 몸속에서 일어나는 물질 대사는 엔진의 마력이나 전기 난로의 킬로와트에 해당한다. 벌새의 생리학을 연구하는 사람들은 벌새가 세계의 온혈동물 중에서 몸무게당 에너지 출력이 가장 많다고 주장한다. 내 정원의 진달래꽃 앞에서 정지 비행을 한 붉은목벌새는 시속 15킬로미터로 달리고 있는 사람보다 몸무게당 에너지 출력이 10배 더 많다. 사람은 이렇게 달릴 때 에너지 출력이 최대가 된다고 하며, 이런 속도를 30분 이상 유지하기란 불가능하다. 하지만 벌새는 훨씬 더 오랜 시간 동안 계속 날 수 있다.

보통 사람이 하루에 사용하는 에너지량은 약 3,500칼로리이다. 벌새를 70킬로그램의 사람이라고 놓고 계산해 보면, 벌새가 먹고 날고 내려앉고 잠자는 등 일상생활을 하는 데 들어가는 에너지는 하루에 155,000칼로리에 달할 것이다. 벌새가 얼마나 많은 에너지 출력을 필요로 하는지 알기 위해, 이 수치를 사람이 필요로 하는 음식의 양으로 환산한다면, 정말 믿을 수 없는 결과가 나온다.

사람은 보통 하루에 약 900그램에서 1킬로그램의 음식을 먹는다. 사람이 매일 벌새가 쓰는 만큼의 에너지를 쓴다면, 매일 햄버거를 128킬로그램 먹거나, 튀긴 감자를 166킬로그램 먹거나, 빵을 58킬로그램 먹어야 할 것이다.

벌새의 주된 음식은 당분이다. 당은 사람들이 흔히 먹는 고기, 감자, 빵보다 에너지 함량이 훨씬 더 많다. 벌새는 매일 자기 몸무게의 반쯤 되는 당을 먹어치운다. 작은 새에게는 엄청난 양이지만, 에너지 출력을 유지하려면, 즉 "엔진에 연료를 공급"하려면 그렇게 해야 한다.

봄과 여름에 내 정원을 찾는 붉은목벌새들은 에너지 수요량을 맞추기 위해 일정한 시간마다 마구 먹어댄다. 어떤 꽃들을 좋아하든 간에, 그들은 진달래, 인동덩굴, 매발톱꽃, 나팔꽃, 접시꽃, 유홍초, 풍접초, 나리를 비롯해 내가 그들을 위해 심은 온갖 종류의 "벌새용 꽃들"이 피는 계절이 되면 매일 내 정원을 찾는다. 또 그들은 내가 정원의 나무에 끈으로 매달아 놓은 설탕물을 담은 작은 병 입구에 앉거나 그 앞에 떠 있기도 한다.

늦봄인 5월에서 8월 사이에 그들이 먹은 설탕은 약 5킬

벌새는 에너지를 얻기 위해 매일
자기 몸무게의 반이나 되는 당분을 먹어야 한다.
몸집은 작지만 움직임이 많으므로
마구 먹어야 살아갈 수 있다.

로그램에 달했다. 설탕물이 너무 진하면 벌새의 간이 나빠질 수 있으므로, 나는 설탕과 물을 1:9의 비율로 섞어 작은 병 8개에 넣어 두었다.

나는 봄이 되면 새로운 벌새들을 정원으로 끌어들이기 위해, 병에 빨간 리본을 묶어두거나 빨간 매니큐어를 칠해 놓기도 했다. 벌새들은 빨간색을 아주 좋아하기 때문이다.

오랫동안 나는 내 정원에 있는 작은 붉은목벌새들이 어떻게 8백 킬로미터에 달하는 멕시코 만을 가로질러 이주할 수 있는지 궁금했다. 그 만을 오가는 배를 탄 사람들은 봄과 가을에 그 새들이 이주하는 모습을 보곤 했다. 어떤 새들은 수면에서 65센티미터쯤 위에서 계속 날개를 치면서 날아갔다. 그 만을 가로질러 이주하는 철새들 중에는 배에 내려 휴식을 취하는 종류들도 간혹 있지만, 벌새들은 내려앉으려는 기색을 전혀 보이지 않았다.

1953년 한 생리학자가 사로잡은 벌새가 정지 비행을 할 때 에너지를 얼마나 소비하는지 꼼꼼히 조사한 연구 결과를 발표했다. 그는 벌새를 종 모양의 유리 속에 넣고 정지 비행을 할 때 에너지가 얼마나 소비되는지 측정했다.

그의 계산에 따르면, 붉은목벌새는 멕시코 만을 가로지르는 것이 불가능하다. 벌새는 먹이를 계속 먹지 않으면 그렇게 먼 길을 가는 데 필요한 만큼의 지방을 몸에 저장할 수 없으리라는 것이었다. 하지만 한 저명한 조류학자는 벌새가 봄과 가을에 계속 그 만을 가로지르고 있기 때문에 그 논문을 읽을 시간이 없을 것이라고 농담처럼 말했다. 그 생리학자의 계산 결과는 무엇 때문에 잘못된 것일까?

1961년 10월 내 친구이기도 한 조류학자 두 명이 그 수수께끼를 흡족하게 설명해 줄 만한 논문을 발표했다. 내 친구들은 그 생리학자의 계산에는 아무 문제가 없었다고 말했다. 문제는 그가 직선 비행보다 에너지가 더 많이 드는 정지 비행을 토대로 계산을 했다는 데에 있었다. 그들은 조지아 주와 플로리다 주를 돌아다니며 조사를 했다. 그들은 가을에 멕시코 만을 따라 서 있는 텔레비전 송신탑에 부딪혀 죽은 붉은목벌새들을 조사한 결과, 그들이 바다를 가로질러 이주하기 직전에 대단히 살이 찐다(평소보다 몸무게가 50퍼센트 이상 늘어난다)는 것을 발견했다.

방법을 달리해 계산해 보니, 붉은목벌새가 800~960킬로미터 거리의 바다를 가로지를 수 있을 뿐 아니라, 약 2,400킬로미터를 여행할 만큼의 지방(연료)을 몸에 비축한다는 결과가 나왔다. 이 정도면 플로리다 주와 조지아 주 내륙 깊숙한 곳에서 출발해 멕시코까지 충분히 날아갈 수 있다는 게 내 친구들이 내린 결론이었다.

하늘길에서 만난 새들

먼 길을 떠나야 하는 새들은 힘을 아껴 나는 법을 안다.
자연은 이런 새들을 위해 바람을 타고 갈 수 있는 하늘길을 만들어
준다. 그림은 좀처럼 보기 힘든 흰바다매.

공기가 만든 하늘길

나와 새를 관찰하는 내 동료들은 오래 전부터 호크 산을 신비한 곳으로 여겼다. 펜실베이니아 주 리딩 부근에 있는 그 산에 한 번도 가 본 적이 없었기 때문이다. 우리는 그 산이 놀라운 곳이라는 것만 이야기로 전해 듣고 있었다.

어떤 사람은 가을에 그곳에 가면 매나 수리 종류 수백 마리가 이주하는 장면을 볼 수 있다고 했다. 손을 뻗으면 거의 닿을 정도로 가까이에서 새들이 지나간다고 했다. 때로는 어마어마한 크기의 검은 큰까마귀가 천천히 활공하며 스쳐 가기도 하고, 아주 희귀한 흰바다매가 산마루를 따라 남쪽으로 날아가는 모습을 보았다는 사람도 있었다. 그때까지 나는 야생에서 까마귀나 흰바다매를 본 적이 한 번도 없었다. 당시에는 어쩌다가 주말에 짬을 내 조류 관찰에 나서던 형편이라, 일 년에 매를 50마리쯤 보면 운이 좋다고 할 수 있었다.

매년 가을이면 수많은 매류, 수리류, 독수리류가 호크 산을 따라 남쪽으로 날아갔다. 조류학자들은 이곳이 수천 년 동안 철새의 이주 경로로 쓰여 왔을 것이라고 했다. 사람들은 왜 새들이 그쪽으로 다니는지 오랫동안 궁금하게 여겨왔다. 그러다가 과학자들이 새 비행의 공기역학을 연구하고 이주 경로를 추적하기 시작하면서 그 이유가 명확히 드러나기 시작했다.

호크 산이 있는 키타티니 산맥은 북쪽으로 뉴욕 주 남동부까지 약 240킬로미터에 걸쳐 뻗어 있다. 호크 산 남쪽으로 들어서면 그 산등성이는 갑자기 가파르게 높이 치솟아, 펜실베이니아 주 구릉 지대의 농장들 사이에 우뚝 서 있는 형상을 이룬다. 그 산등성이를 따라 남쪽으로 이동하던 새들은 그곳에서 서로 모여 나란히 비행을 하게 된다. 장거리 이동할 때 새들의 날개, 꼬리, 몸통은 도움이 되는 공기 흐름을 찾아 내기 위해 온통 신경이 곤두서 있다. 그들은 눈에 보이진 않지만 든든하게 지탱해 주는 활공하는 새들의 하늘길을 만드는 상승하는 공기 흐름이 그곳에 있기 때문에, 그 산등성이를 따라가는 것이다.

이따금 생기는 상승 온난 기류, 즉 여름 해에 데워진 벌판에서 솟아오르는 따뜻한 수직 공기 기둥과 달리, 가을 활공길은 공기의 수평 흐름(바람)이 단단한 물체에 부딪혀 위쪽으로 꺾이면서 만들어진다. 과학자들은 이런 흐름을 "장애 기류"라고 한다. 장애 기류는 일정한 또는 센 바람이 낮은 언덕, 건물, 모래 언덕, 심지어 바다의 물결이나 배 옆면에 부딪힐 때에도 생겨난다.

슴새류, 바다제비류 같은 작거나 중간 크기의 바다새들은 물결에 부딪혀 위로 솟아오르는 기류를 타고 활공한다. 갈매기들은 날개를 거의 움직이지 않은 채 게으른 태도로 배

가까이 활공하곤 한다. 그들은 바람이 수면을 가로지르며 나아가다가 배 옆면에 부딪힐 때 생기는 위로 솟아오르는 기류를 타고 날아가는 것이다.

호크 산의 보이지 않는 활공길은 가을 중 특정한 날, 특정한 날씨일 때에만 생긴다. 새들에게는 강한 북풍이나 북서풍이 산등성이의 옆구리에 부딪혀, 강한 기류가 빠른 속도로 솟아오르는 맑은 날이 가장 좋다.

매류는 그런 바람이 불지 않으면 아예 날기를 포기할 때도 있다. 혹은 시골의 탁 트인 벌판에서 솟아오르는 상승 온

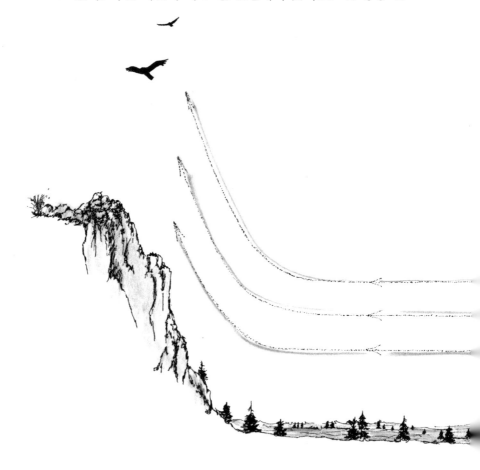

난 기류를 타고 때때로 사람에게 보이지 않을 정도까지 높이 올라가, 시골 전역에 퍼져서 날기도 한다. 과학자들은 이것을 "정적 활공"이라고 한다. 새들이 별 힘들이지 않고도 수직으로 오르는 공기 덩어리에 실려 높이 올라가기 때문이다. 매들은 상승 온난 기류에 실려 아주 높은 곳까지 올라가면, 선회해서 남쪽으로 활공하면서 이동을 계속한다. 즉 새들은 상승 온난 기류를 이용할 수 있을 때는 아주 높이 올라갔다가 장거리 활공을 하면서 이주한다. 그 모습을 지켜보고 있으면 마치 새들이 이야기하는 소리가 들리는 듯했다. "아주 긴 여행이라구. 날 수 있는 데 굳이 '걸을(날갯짓을 할)' 이유가 없잖아?"

우리 곁을 스쳐 지나가는 새들

내가 호크 산을 처음 본 것은 10월 초의 어느 화창한 날이었다. 나는 공주를 집에 있는 홰에 안전하게 묶어 두고서, 매류와 수리류에 관심이 있는 대학생 서너 명과 함께 집에서 300

가을의 호크 산에서는 강한 북풍이나 북서풍이 산마루의 옆구리에 부딪혀 위로 빠르게 솟구치는 강한 기류가 만들어진다. 이 장애기류는 눈에 보이진 않지만 새들에겐 멋진 활공길이 된다.

킬로미터 남짓 떨어진 산으로 떠났다. 근처 마을에 이르자, 호크 산으로 올라가는 도로가 보였다. 우리는 숲이 우거진 산마루 거의 가까운 곳까지 차를 몰고 올라가서, 도로 옆으로 등산로가 시작되는 지점에 차를 세웠다. 그런 다음 울창한 참나무 숲으로 난 산길을 오르기 시작했다.

간신히 숲을 벗어나자 갑자기 길이 뚝 끊겼다. 우리 앞에는 마치 거인이 내던진 것처럼, 하얀 바위들이 여기저기 무더기로 쌓여 있었다. 바위 위에 올라서니, 300미터 아래쯤에 있는 조그만 강 계곡이 한눈에 내려다보였다. 산등성이 양편으로는 긴 계곡이 조각보처럼 펼쳐진 벌판과 숲 사이로 길게 뻗어 있었다. 우리가 서 있는 앞쪽으로는 산마루가 급하게 내려앉아서, 30미터쯤 아래쪽에 나무들의 꼭대기가 보였다. 마치 뱃머리에 서 있는 듯한 느낌이었다. 산등성이는 거기서부터 다시 완만하게 상승하면서, 북동쪽으로 넓게 퍼지면서 400미터쯤 떨어진 곳에 다섯 개의 봉우리로 된 산을 하나 만들어 놓았다.

우리가 하늘에서 다가오는 매나 수리 종류를 처음 본 것은 이 숲이 있는 산등성이부터였다. 그 새들은 잘 짜여진 편대가 아니라, 느슨한 대형을 이룬 전투기들처럼 흩어져서 비행하고 있었다. 무리를 이루고 있긴 해도, 저마다 제멋대로 나선형을 그리며 높이 치솟았다가, 빠른 북풍이 산비탈에 부딪혀 솟아오르는 기류를 향해 활공하곤 했다.

새들의 형체가 점점 커지면서, 우리의 흥분도 커져갔다. 새들은 우리 쪽으로 빠르게 다가오고 있었다. 우리는 맨 앞에 있는 새들이 매 종류라는 것을 알 수 있었다. 맨 앞에 있는 것은 "손가락들" 즉 비행날개깃들을 펼친 짧고 둥근 날개와 긴 직사각형 모양의 꼬리를 지닌 작은 긴꼬리매였다. 그 새는 날개를 세 번 쳤다가 펼치고 날다가 다시 세 번 치기를 되풀이하며 날고 있었다. 탁, 탁, 탁, 주-우-욱 하는 말로 비행을 요약해도 좋을 듯했다.

긴꼬리매는 우리가 이날 보게 된 더 큰 매들에 비하면 활공 비행을 그렇게 잘 하는 새가 아니다. 이 새는 수리류, 독수리류, 커다란 매류와 달리 몸무게에 비해 날개 표면, 즉 지탱하는 표면이 그리 넓지 않다. 그래서 상승 기류를 타고 있더라도 고도를 유지하고 높이 떠 있으려면 자주 날갯짓을 해야 한다.

본래 긴꼬리매는 짧은 거리를 대단히 빠른 속도로 날 수 있도록 적응한 긴 꼬리와, 강하고 둥근 날개를 지닌 대담하고 사나운 사냥꾼이다. 이들은 긴 꼬리를 방향타 삼아 빠르게 선회하면서 숲과 덤불 속을 대담하게 들락거리고 먹이를 놀라게 하는 방법을 써서 사냥을 한다. 이 새는 갑자기 벌목지나 생울타리 위에 나타나서, 날카로운 발톱으로 공중에서

긴꼬리매

작은 새를 낚아채거나, 먹이가 막 땅에서 날아올라 완전한 비행 상태로 들어가기 전에 잡아챈다.

우리 머리 위로 더 많은 긴꼬리매들이 나타났다. 몇 마리는 우리 아래쪽 등성이에서 빠르게 솟구치기도 했다. 그들이 바위 위를 낮게 스치듯 지나가는 순간에 우리는 녀석들의 얼굴을 하나하나 볼 수 있었다. 그들은 우리를 스쳐 지난 뒤 급격히 솟구쳐 사라져 갔다.

긴꼬리매보다 몸집이 좀더 큰 쿠퍼매 한 마리도 긴꼬리매처럼 날갯짓과 활공을 반복하면서 우리 곁을 스쳐 지나갔다. 쿠퍼매도 가까운 친척인 긴꼬리매처럼 날개가 짧고 꼬리가 길며, 숲이나 덤불 속이나 주변을 빠르게 돌아다닐 수 있다. 메추라기가 전공인 내 친구 한 명은 자기 농장에서 쿠퍼매들이 덤불 위로 낮게 날면서 날개로 덤불을 두드려대 먹이인 메추라기들을 뛰쳐나오게 만드는 것을 봤다고 했다. 쿠퍼매는 길고 둥근 꼬리를 갖고 있어서, 날고 있을 때 끝이 뭉툭 잘려나간 듯한 직사각형 꼬리를 가진 긴꼬리매와 쉽게 구별할 수 있다.

좀더 많은 쿠퍼매와 많은 긴꼬리매가 다가왔다. 그리고 갑자기 그들 너머로 검은 새 한 마리가 빠르게 우리 쪽으로 날아오는 게 보였다. 그 새는 우리가 미처 알아차리기 전에 큰 소리를 질러댔다. 공주보다 약간 더 작은 매 수컷이었다.

그 매는 뾰족한 날개를 빠르게 휘저으면서 엄청난 속도로 다가왔다. 그리고는 순식간에 더 작고 속도가 느린 긴꼬리매들과 쿠퍼매들을 앞질러 버렸다. 그런 다음 구경꾼들이 지켜보고 있는 바위 바로 위에서 하늘 높이 곧장 솟아올랐다가, 옆으로 선회해 산 옆으로 쏜살같이 하강했다. 비탈을 반쯤 내려간 매는 우리가 보지 못했던 제왕나비 무리들 속으로 파고들었다. 제왕나비들은 우리가 있는 곳보다 훨씬 낮은 고도에서 이주하고 있는 중이었다. 매는 제왕나비 무리 속으로 네 번 내려꽂힌 뒤에, 발로 한 마리를 움켜잡았다. 그런 다음 그대로 날면서 잡은 나비를 입에 넣어 먹고는 산등성이를 따라 남쪽으로 빠르게 사라져 갔다.

쿠퍼매

남의 먹이를 가로채는 얌체짓

매가 막 사라지자 이번에는 연한 회색의 잿빛개구리매 수컷(암컷은 몸집이 더 크고 더 갈색을 띤다) 한 마리가 산비탈 저 아래쪽에서 모습을 드러냈다. 마침 날개를 치면서 가볍게 활공하기를 반복하면서 나무들 위로 막 떠오르는 참이었다. 작은 부엉이 같은 얼굴을 한 날개가 긴 이 새는 긴 꼬리의 밑동에 눈에 띄는 하얀 깃털들이 얼룩처럼 나 있었다.

잿빛개구리매가 이 산등성이를 따라 높이 날고 있는 모

습은 왠지 낯설어 보였다. 전에 본 새들은 습지와 초원 위를 낮게 날면서 땅에서 1미터 높이 안팎에서 방향을 틀고 선회 하곤 했다. 그들은 언제나 낮은 고도에서 날개를 치거나 활 공을 하면서 쥐, 개구리, 작은 새들을 찾아다녔고, 먹이를 발 견하면 놀라운 속도로 덮쳤다.

잿빛개구리매는 우리가 새들을 구경하는 아래쪽에서 활 공중이었다. 그래서 우리는 좁고 긴 날개를 내려다볼 수 있 었다. 끝이 새까만 첫째날개깃, 즉 비행날개깃들이 손가락처 럼 펼쳐져 있었다. 나는 잿빛개구리매가 칠면조독수리처럼 날 때 날개를 약간 위쪽으로 치켜들고 있다는 점에 주목했 다. 더 인상적이었던 것은 날개와 홀쭉한 몸통과 긴 꼬리가 칠면조독수리와 아주 흡사하다는 점이었다.

독수리의 날개처럼 활공 비행하는 새들의 날개는 가벼 운 몸통을 하늘 높이 띄우기에 더할 나위 없이 잘 맞다. 새의 비행 습성과 날개 모양의 관련성을 연구해 온 D. B. O. 새빌 은 잿빛개구리매의 날개를 "고공 날개"라고 분류한 범주에 집어넣었다("홈 파인 활공 날개"라고도 한다). 수리류, 물수 리, 독수리류, 콘도르류, 붉은꼬리매와 붉은날개매를 비롯한 일부 대형 매류가 이 집단에 포함된다.

잿빛개구리매는 먹이를 찾아 방향을 틀 때, 긴 꼬리를 방향타 삼아 공중에서 빠르게 선회할 수 있다. 날카로운 눈으로 풀밭에 있는 쥐를 발견하면, 날개를 수평으로 재빨리 움직이고 몸과 긴 꼬리를 아래로 축 내려 제동을 걸어 공중에서 즉시 멈출 수 있다. 그런 다음 긴 다리를 풀밭으로 뻗어 발톱으로 먹이를 낚아챈다. 이 새는 먹이를 낚아챈 채 그대로 상승해 비행을 계속한다.

한 번은 벌판에서 까마귀 두 마리가 맹렬하게 잿빛개구리매를 쫓는 광경을 목격했다. 잿빛개구리매는 발로 쥐를 움켜쥐고 있었다. 까마귀 한 마리가 잿빛개구리매를 따라잡아 막 위에서 내리 덮치려 하자, 매는 갑자기 쥐를 떨어뜨렸다. 그러자 까마귀는 능숙하게 방향을 돌려 공중에서 순식간에 쥐를 잡아채서 날아가 버렸다. 이렇게 해적짓을 하는 새들도 종종 있다.

잿빛개구리매가 사라지는 모습을 지켜보고 있을 때, 동료가 외치는 소리가 들렸다. 몸을 돌려 쳐다보니, 흰색과 검은색이 뒤섞인 커다란 물수리 한 마리가 빠르게 다가오고 있었다. 그 새는 우리 머리 위 45미터쯤 상공에서 날고 있었고, 그 뒤를 커다란 흰머리독수리가 바짝 쫓고 있었다. 독수리 위에서는 새까만 칠면조독수리가 천천히 원을 그리며 나선 비행을 하고 있었다.

물수리는 아래쪽이 온통 하얀색이었고, 양쪽 날개의 굽은 부위가 검었다. 이 검은 "손목"은 물수리의 특징이다. 그 새는 날개폭이 1.5~1.8미터쯤 되는 날개를 쭉 펼친 채 빠르게 날고 있었다. 첫째날개깃들은 펼쳐져 있었고, 날개는 기이하게 구부러져 있었다. 이렇게 날개가 구부러져 있기 때문에 물수리는 비행할 때 다른 새들과 구분된다.

온몸이 검고 머리가 하얀 그 거대한 어른 흰머리독수리(덜 자란 새끼는 날개 아래쪽이 하얗다)는 물수리의 약 15미터 상공에서 30미터쯤 떨어져 활공하고 있었다. 그 새는 2미터가 넘는 검은 색의 넓은 날개를 수리류답게 편평하게 펼친 채 활공하고 있었다.

내 옆에 있던 대학생 하나가 나직하게 휘파람을 불었다. 그도 쌍안경으로 그 독수리를 지켜보고 있었다. 우리는 그 새가 눈처럼 하얀 꼬리를 약간 펼치고, 항공기가 이륙한 뒤 착륙 기어를 올리듯이 커다란 노란 발을 뒤로 쭉 빼서 넓은 흰 꼬리 밑에 대고 있는 모습을 볼 수 있었다. 새의 이런 자세는 "항력", 즉 몸에 생기는 공

물수리

136

기의 저항을 줄이는 데
도움이 된다. 그 독수리의
매서운 노란 눈은 앞을 응시하
고 있었고, 커다랗게 굽은 노란 부
리는 날카로운 뱃머리처럼 공기를 가르
고 있었다.

흰머리독수리

　　독수리가 물수리를 바짝 뒤쫓고
있는 광경을 보고 있자니, 몇 년 전 뉴저지 주 케
이프메이에서 보았던 두 새의 충돌 장면이 떠올랐
다. 8월의 어느 날 솟아 있는 모래 언덕 사이에서 조
류 관찰을 하고 있는데, 물수리 한 마리가 날개를 퍼드
덕거리며 머리 위로 날아가는 모습이 보였다. 그 새는 햇
빛이 내리쬐는 수면 위로 날아갔다. 그러다가 갑자기 공중에
서 멈추더니, 빠르게 날개를 치면서 한곳에 정지하려 애썼
다. 몸은 수평을 유지했고, 다리와 발은 물을 향한 채 달랑거
리고 있었다. 그 새는 30미터의 상공에서 물 속에 있는 물고
기를 볼 수 있을 정도의 예리한 눈으로 물 밑을 훑었다. 그러
다가 날개를 반쯤 접고 발을 먼저 담그면서 물로 뛰어들었
다. 발과 가슴이 첨벙 물에 부딪히면서 물보라가 일었다. 그
새는 짧은 순간 날개 끝만 빼고 물 속으로 사라졌다. 그랬다
가 물 위로 모습을 보이더니 날개를 마구 퍼드덕거리면서 날

아오르려 애썼다. 새는 깃털을 마구 흔들어 묻은 물을 떨어내면서, 금세 공중으로 떠올랐다. 새의 발에는 커다란 물고기가 붙잡혀 있었다. 물고기의 머리는 새가 날아가는 방향을 향하고 있었다. 물수리는 물고기를 그런 식으로 쥐고 있으면, 물고기가 공기 저항을 훨씬 덜 일으키리라는 것을 본능적으로 아는 듯했다.

그 순간 흰머리독수리가 하늘에서 쏜살같이 내려왔다. 나는 그 독수리가 있었다는 것을 알아차리지 못했다. 아마 독수리는 높은 곳에서 물수리를 지켜보고 있었을 것이다. 물수리는 낚시 전문가이다. 하지만 똑같이 물고기를 즐겨 먹는 흰머리독수리는 그렇지 못하다. 독수리가 물수리를 쏜살같이 내리 덮치자, 물수리는 더 빨리 날려고 기를 썼다. 하지만 독수리 역시 그에 못지 않게 빨랐다. 독수리가 물수리를 뒤에서 막 움켜쥐려는 순간, 물수리는 물고기를 떨어뜨렸다. 그러자 독수리는 몸을 약간 틀어 밑으로 내려가서 공중에서 멋지게 물고기를 붙잡았다. 그런 다음 무겁게 날개를 퍼덕거리며 날아갔다.

호크 산 꼭대기는 잠시 소강 상태에 접어들었다. 큰 새

들의 먹이가 될 만한 철새들만이 한가로이 지나다녔다. 이제
는 산비탈을 따라 푸른어치들이 날개를 저으면서 지나가고
있는 게 보였다. 푸른어치는 주로 숲에서 살며, 강하지도 빠
르지도 않다. 철새 까마귀 한 무리도 지나갔다. 헛간제비 떼
가 빠르게 우리 옆을 스쳐지나 갔을 때, 우리는 활공 비행을
하는 새들이든 날갯짓 비행에 주로 의지하는 새들이든 간에,
온갖 종류의 새들이 그 활공길을 이용한다는 것을 깨달았다.

그러다가 산등성이와 직각으로 가로지르는 높은 상공에
서 놀라운 광경을 보았다. 검은색의 캐나다기러기 떼가 길게
V자 대형을 이룬 채 파란 하늘을 가로지르고 있었다. 우리
는 멀리서 사냥개들이 우짖는 소리 같은, 그 새들의
합창 소리를 희미하게 들을 수 있었다. 기러기
들은 산 위쪽으로 대단히 높이 날고 있었
고, 산등성이에서 위로 올라오는 기류에
의존하지 않은 채 곧장 남쪽으로 날아
가고 있었다. 각 새는 앞에 있는 새보
다 약간 시간차를 두고서 천천히 날개
를 젓고 있었다. 우리는 편대 비행의
장엄한 광경을 보고 있는 셈이었다.
야생의 기러기들이 오래 전부터 알
고 있었던, 그리고 무리를 지어 장거리

커다란 물고기를 막잡은 물수리를 독수리가 덮치는 순간.

비행을 하는 몇몇 새들만 알고 있었던 편대 비행의 장엄한 사열을 바로 눈앞에서 보게 되다니!

흔들거리면서 줄을 서 있는 기러기들(세어 보니 50마리 쯤 되었다)은 우리 오른쪽으로 멀리 멀어져 가고 있었다. 그들은 곧 하늘에 나 있는 점으로 보였다가, 멀리 사라지고 말았다. 이제 하늘은 날아가는 새 한 마리 없이 고요 속에 잠겼다. 때는 정오였다. 새들이 호크 산을 지나가는 비행을 멈추고, 산비탈에 내려앉아 휴식에 들어간 듯했다. 아침 내내 혹시라도 볼까 기대했지만 검독수리는 눈에 띄지 않았다. 하지만 긴꼬리매와 쿠퍼매의 멋진 비행과 많은 독수리들을 보았다. 이상하게도 호크 산에서 흔히 볼 수 있다던 커다란 붉은꼬리매는 한 마리도 보이지 않았다. 우리는 한가해진 시간을 이용해 점심을 먹기로 하고, 북풍이 들이치지 않는 바위 틈새에 자리를 잡고 앉았다. 오후에는 우리가 보고 싶어했던 다른 새들을 만나길 기대하면서.

캐나다두루미

느리게 나는 새

존 로크먼은 스톱워치로 강 위를 날아가는 아메리카원앙 떼의 비행 속도를 쟀다. 바람은 비행 속도에 거의 영향을 주지 않았다. 8월의 어느 날 9마리가 평균 시속 120킬로미터로 날아갔고, 다음 날에는 8마리가 평균 시속 80킬로미터로 날아갔다. 이들은 위험을 느낀 것 같진 않았고, 단지 어둠이 깔리기 전에 보금자리로 돌아가기 위해서 서두르고 있는 듯했다. 가장 느린 녀석은 시속 60킬로미터였고, 가장 빠른 녀석은 시속 90킬로미터로 날았다.

또 산에서 산마루를 따라 이주하는 매와 여러 새들의 비행 속도를 기록한 사람도 있었다. 기록자에 따르면 바람이 시속 24킬로미터 이상으로 불고 있을 때에는 날갯짓을 거의 안 하는 새들이 많다고 했다. 이 정도 속도의 바람은 매와 수리를 비롯한 이주하는 새들이 날갯짓을 하지 않아도 장거리를 활공할 수 있을 만큼의 강한 상승 기류를 만들어내는 게 분명했다.

칠면조독수리는 시속 55킬로미터의 속도로 일정하게 활공했다. 참매는 시속 60킬로미터로 지나갔다. 몇몇 새들은 비행 속도를 제멋대로 바꾸었다. 시속 30킬로미터로 천천히 날다가도 100킬로미터까지 속도를 높이기도 했다.

참새같이 작은 새는 속도가 느린 편이다. 유럽참새는 시속 25~30킬로미터로, 굴뚝칼새나 지빠귀도 비슷하다. 반면 캐나다두루미는 아주 느리게 나는 것처럼 보이지만 실제로는 시속 40~55킬로미터로 난다.

산 위의 수리들

가까이에서 새를 보고싶다면 하늘과 좀더 가까운 산등성이로
올라가자.
붉은꼬리매, 흰머리독수리, 그리고 새들의 왕 검독수리까지,
해가 질 때까지 조류 전망대에서 지켜본 새들의 모습은 너무
근사하고 황홀했다.

공기 기둥 엘리베이터

정오에서 1시 사이에는 칠면조독수리 몇 마리만이 활공하고 있었다. 그러다가 1시 15분이 되자 매 한 무리가 나타났다. 그때쯤에는 여러 지역에서 온 25명쯤 되는 사람들이 합류해 함께 조망대 바위 위에서 북동쪽 하늘을 지켜보고 있었다.

넓은 산꼭대기 상공에 십여 개의 점이 나타나자, 누군가 소리를 질렀다. 점들은 점점 더 많이 나타나더니, 이윽고 하늘을 가득 채웠다. 매들이었다. 나선형으로 원을 그리며 상승하고 있는 것들도 있었다. 우리는 고배율 쌍안경으로 들여다보고 있었지만, 그들이 너무 멀리 있어서 식별할 수가 없었다.

맨 처음 알아볼 수 있을 정도로 다가온 새는 붉은꼬리매 두 마리였다. 그들은 빠른 속도로 곧장 우리에게로 날아왔다. 완전히 펼쳤을 때 폭이 1.5미터쯤 되는 날개를 약간 움츠린 채였다. 우리보다 60미터쯤 상공에서 날고 있었는데, 가슴이 하얗게 빛나고 있었고, 배에는 줄무늬 깃털들이 나 있어서 검은 띠처럼 두드러져 보였다. 다 자란 붉은꼬리매를 바로 밑에서 보면 이 특징이 뚜렷이 나타난다.

그 무렵 돌풍이 세차게 산등성이에 부딪히고 있었다. 그 돌풍은 위쪽으로 아주 강력한 기류를 올려보내고 있는 것이 분명했다. 두 매 모두 "정돈된 상태"로 활공하고 있었기 때문이다. 대개 붉은꼬리매 같은 활공 비행을 하는 커다란 새들은 상승 온난 기류나 수직으로 꺾여 올라가는 기류를 타고 상승할 때, 날개를 넓게 펼친다. 그들은 첫째날개깃들이 완전히 펼쳐진 홈 파인 날개들을 펼쳐서 자그마한 양력까지 가능한 한 모두 끌어낸다. 하지만 산비탈에서 위로 솟구치는 강력한 기류를 타고 있는 이 두 마리는 약간 접혀 있는 부채처럼 날개를 어느 정도 접고 있었다. 그렇게 날개의 공기 저항, 즉 항력을 줄임으로써 그들은 시속 약 56킬로미터까지 속도를 내고 있었고, 위로 띄우는 역할을 하는 표면도 줄일 수 있었다. 그런 비행 방법을 쓰기 때문에 그들은 항공기와 달리 속도를 높일 때 양력을 일정하게 유지하기 위해 날개 "받음각"을 조절할 필요가 없었다. 우리는 아주 효율적인 활공 비행을 보고 있었다. 그 뒤로 나는 칠면조독수리와 아메리카독수리가 이런 비행을 하는 것을 이따금 목격했다.

붉은꼬리매들이 그 뒤에서 떼를 지어 몰려오고 있었다. 재빨리 세어 보니 40마리였다. 그들은 가장 먼 등성이에서 우리 조망대에 이르기까지 흩어져 있었다. 그들은 홀로 또는 쌍을 지어 우리에게로 다가왔다. 우리 곁을 빠르게 지나가는 녀석들도 있었고, 느릿느릿 나선형으로 원을 그리며 더 높이 올라갔다가 아래서 보면 하얗게 보이는 얼굴로 우리를 내려다보는 녀석들도 있었다.

한 붉은꼬리매는 조망대 위로 계속 높이 솟구쳤다. 고도를 높이기 위해 넓게 펼쳐진 날개를 우리 쪽으로 돌리자, 활짝 펼쳐진 적갈색 꼬리가 햇빛에 빛났다. 매류와 수리류는 대부분 호크 산을 지나갈 때 조용하다. 하지만 붉은꼬리매들은 압력솥에서 수증기가 빠져나갈 때 나는 것 같은 "프스스스" 하는 소리를 길게 뽑곤 했다. 이를 악물고 "프스스스" 소리를 내면 비슷하게 들리기도 한다. 붉은꼬리매는 둥지 근처에서 겁에 질리거나 화가 났을 때 이런 소리를 낸다. 그런 다음은 사람이든 다른 매든 상관없이 그 침입자를 덮친다.

이것은 내가 직접 목격한 일이다. 매년 여름 나는 근처 농장에서 둥지를 트는 붉은꼬리매 한 쌍을 눈여겨 지켜보았다. 어느 날 그 새들이 둥지에서 그리 멀지 않은 참나무 숲 위에서 서서히 맴을 도는 모습이 보였다. 매류와 수리류의 수컷들이 그렇듯이 그 쌍도 암컷보다 수컷이 약간 더 작았는데, 갑자기 그 수컷이 숲을 떠나 옥수수밭을 향해 활공을 시작했다. 옥수수밭 상공으로 간 수컷은 새로운 냄새를 맡은 사냥개처럼, 작은 원을 그리며 빠르게 선회한 뒤에 나선을 그리며 위로 올라가기 시작했다. 상승 온난 기류를 발견한 것이었다.

새의 비행을 연구하는 조류학자들 중에는 매, 독수리,

수리가 우리가 아직 파악하지 못한 방식으로 이런 보이지 않는 상승 기류의 위치를 감지한다고 믿는 사람들이 있다. 그들이 마치 정확한 위치를 아는 것처럼 상승 기류를 향해 곧장 날아가는 것은 분명하다. 그들은 이륙하는 헬리콥터에 올라타듯이 상승 기류에 "올라탄다".

암컷도 수컷의 뒤를 따라 재빨리 상승하는 공기 기둥에 올라탔다.

　　암컷도 수컷의 뒤를 따라 재빨리 수컷 바로 뒤에서 상승하는 공기 기둥을 타고 올라갔다. 그들이 지상에서 약 150미터쯤 올라갔을 때, 칠면조독수리 두 마리가 붉은꼬리매 수컷이 나선형으로 올라가고 있던 바로 그곳에서 공기 기둥 속으로 들어오려 했다. 수컷은 독수리들을 보고 날개를 약간 구부렸다. 경고 표시였다. 독수리 중 하나가 금방 순응하는 태도로 날개를 구부렸다. 그리고 둘은 몸을 돌려 재빨리 사라졌다. 매는 자신의 공기 기둥에 그들이 침입하자 분개한 것이 분명했다. 그곳은 자신의 둥지가 있는 영역이기도 했다.

새들의 왕, 검독수리

글라이더 조종사들은 붉은꼬리매가 상승 온난 기류나 호크 산의 산악 상승 기류를 찾아내는 비범한 능력을 지니고 있다는 것을 오래 전부터 알고 있었다. 몇몇 글라이더 조종사들은 독수리나 매 같은 활공 비행을 하는 새들이 원을 그리는 모습을 지켜보면서 상승 온난 기류를 찾는다. 그들은 상승 온난 기류, 즉 수직 "바람"이 글라이더나 새가 목적지를 향해 빠르게 나아가도록 돕는 수평 바람만큼이나 흔하다고 주장한다.

어느 날 영국의 글라이더 조종사인 해럴드 펜로즈는 영국에서 한 상승 온난 기류를 타다가 갈까마귀와 떼까마귀들이 대규모로 떼를 지어 아래쪽 계곡에서 기를 쓰고 위로 올라오는 것을 보았다. 그들은 가파른 산허리 위쪽 지점에 도달할 때까지 격렬하게 날갯짓을 한 뒤에, 날개를 펼치고 상승 공기 기둥을 타고 나선형으로 돌면서 오르기 시작했다. 펜로즈는 그들을 뒤쫓았다. 몇 초 지나지 않아 그는 맴도는 새들보다 약 90미터 상공에서 공기 기둥 속으로 들어갔다. 그의 글라이더는 계속 맴을 돌며 위로 올라갔고, 떼까마귀와 갈까마귀 떼가 그 뒤를 좇았다. 펜로즈는 그들을 내려다보면서 그들의 상승 나선 비행을 하나하나 살펴볼 수 있었다. 앞쪽으로 튀어나온 날개, 열려 있는 즉 홈이 나 있는 날개 끝, 활짝 펼쳐진 꼬리 날개깃, 새들이 기뻐하며 외치는 듯한 소리를 내는 벌린 부리.

펜로즈는 이렇게 썼다.

그들은 단 한 번도 날갯짓을 하지 않았다. 하지만 날개는 세부적으로 하나하나 모든 움직임을 조절하고 있었다. 뿐만 아니라 새들은 저마다 다른 속도로 날고 있었다. 똑같은 속도로 올라가는 것이 아니었다. 서로 요리조리 헤치며 나아가기도 하고 앞서거니 뒤서거니 했다. 하지만 그러면서도 언제나 대체로 같은 원을 그리면서 같은 방향으로 움직였다.

고도 600미터 바로 밑에서 상승하는 공기 기둥이 사라졌다. 펜로즈는 그곳을 떠나 활공을 하면서 훨씬 아래 마을로 하강했다. 뒤를 돌아본 그는 올라가는 새들이 공기 기둥 끝에 도달한 뒤, 한 마리씩 떨어져 나와 마치 돌덩어리가 떨어지듯 땅으로 곤두박질치는 것을 보았다. 처음에 출발했던 숲에 거의 닿을 때까지 마구 뒹구는 녀석들도 있었다.

글라이더 조종사들은 붉은꼬리매가 올라가고 있는 상승 온난 기류 속으로 글라이더를 몰고 끼어들어가면 대개 매가 먼저 피해 버린다는 것을 알았다. 하지만 글라이더 조종사가 자신의 영역에 들어왔을 때 전혀 다른 행동을 보이는 매들도 가끔 있다.

6월의 어느 아침, 슈와이처 활공 학교의 데이비드 웰러는 고도 600미터에 약간 못 미치는 상공에서 글라이더를 몰

흰머리독수리와 검독수리가
산마루 바로 밑에서 활공 중이었다.

고 있었다. 그가 날고 있는 곳은 공
항 남쪽의 숲이 우거진 산등성이였
다. 그곳에는 붉은꼬리매 한 쌍이
둥지를 틀고 있었다. 글라이더
가 나타나자, 두 마리 중 하
나가 나선을 그리며 글라
이더보다 더 높은 곳으로 올
라왔다. 그러더니 갑자기 날개를 접고 글라이더를 향해 돌진
했다. 매가 내리꽂히기 시작할 때 글라이더는 약 450미터 떨
어져 있었다. 매는 곧장 그를 향해 날아오다가 글라이더를
60센티미터 차이로 스치고 지나갔다. 웰러는 매가 지나가면
서 날카롭게 내지르는 소리를 들었다. 매는 하강을 멈추고
다시 올라와 글라이더 날개 바로 뒤쪽 약간 높은 곳에서 따
라오기 시작했다. 은근히 위협하는 듯도 했고, 자기 영토 밖
으로 나가도록 유도하는 듯도 했다. 매는 글라이더를 몇 차
례 공격하다가 글라이더가 영토 밖으로 나가자 공격을 멈추
었다.

하지만 그날 호크 산 조망대 상공에 있던 붉은꼬리매들
에게서는 그런 공격적인 행동을 전혀 볼 수 없었다. 각자 자
기 일에 바쁜 듯했고, 서로 공격하지도 않았다. 그 40마리의
붉은꼬리매들은 조류 관찰자들이 큰 소리로 감탄하는 소릴

터트려도 별 관심을 보이지 않았다. 그때 커다란 검은 새 한 마리와 어른 흰머리독수리 한 마리가 나란히 날면서 다가왔다. 가까이 다가왔을 때 보니 둘의 몸집이 거의 똑같았다. 산마루 바로 밑에서 활공하고 있어서, 우리는 그들의 등을 내려다볼 수 있었다.

흰머리독수리는 머리와 부리가 큰 데 반해, 그 커다란 검은 새는 머리가 작았다. 검은 새가 더 가까이 다가오자, 정수리와 목 뒤쪽에 가느다란 금빛 털들이 나 있는 것이 보였다. 검독수리였던 것이다! 우리 대부분이 그 새와 첫 대면하는 순간이었다.

나는 잠시 흰머리독수리를 잊고 검독수리만 바라보았다. 날개폭은 1.95~2.1미터쯤, 몸무게는 4.0~5.5킬로그램쯤 되어 보였다. 이 장엄한 검독수리는 전 세계적으로 새들의 왕으로 알려져 있다. 새를 잘 아는 사람들은 흰머리독수리보다 이 새를 더 고고한 존재로 여긴다.

중세 유럽에서 매사냥이 한창 유행했을 때에는 왕들만이 검독수리를 날릴 수 있었다. 중국의 매사냥꾼들은 티벳의 산악 지대에서 검독수리에게 야생 늑대를 공격하도록 훈련을 시켰다. 매와 마찬가지로 검독수리도 산뜻하고 맹렬하게 사냥을 한다. 검독수리는 미국 서부 평원에서 시속 160킬로미터쯤 되는 엄청난 속도로 내리꽂혀 산토끼를 사냥하기도 하고, 멧닭, 오리, 기러기, 고니에서부터 몸집 큰 큰왜가리에 이르기까지 날아가는 새들을 공중에서 덮치기도 한다. 먹이가 부족할 때는 다 자란 프롱혼이나 사슴까지 공격한다고 알려져 있다.

검독수리의 둥지는 래브라도부터 남쪽으로 애팔래치아 산맥을 따라 군데군데 흩어져 있지만, 미국 내 번식지는 주로 경도 99도 서쪽에 있다. 남쪽으로는 텍사스 주까지, 서쪽으로는 캘리포니아 주와 오레곤 주까지 퍼져 있다. 주된 먹이는 목초지의 풀을 놓고 가축들과 경쟁하고 있는 토끼류와 설치류 같은 작은 동물들이다. 양과 염소가 풀을 지나치게 많이 뜯어먹어 목초지에서 이런 동물들이 사라지면, 검독수리는 새끼 양이나 염소를 잡아먹을 수도 있다.

텍사스 서부의 양치기들은 검독수리가 새끼 양을 잡아먹는다고 불평을 늘어놓으면서, 검독수리가 목양업자들에게 경제적 피해를 입히고 있다고 주장한다. 그곳의 양치기들은 민간 비행사들을 고용해 대처해 왔다. 비행사들은 조종이 쉬운 작은 단엽 비행기를 타고 날면서 공중에서 검독수리들을 총으로 사냥했다. 한 조종사는 총신을 짧게 잘라낸 엽총을 써서 2년 사이에 검독수리 1,875마리를 잡았다고 보고했다.

검독수리에 애정을 갖고 살해 현황을 조사한 바 있는 텍사스의 한 자연학자는 이것이 유례 없는 검독수리 살육 기록이라고 말한다.

그보다 오래 전인 1915년 작고 시끄러운 비행기들이 처음 자신들의 영토에 침입하기 시작했을 때, 검독수리들은 이 침략하는 괴물들을 향해 돌진하는 자살 공격을 감행하곤 했다. 검독수리의 이런 자살 공격은 영토 방어 행위로 여겨졌다. 검독수리들이 비행기를 하늘의 경쟁자로 여겼을 수도 있고, 알과 새끼를 보호하기 위해 공격했을 수도 있다.

또 다른 검독수리 사냥 비행사는 텍사스 트랜스페코스 산맥에서 8천 마리가 넘는 검독수리를 잡았다고 자랑했다. 비행기를 탄 무장한 사람 앞에서 검독수리는 살아날 가능성이 전혀 없다. 보호론자들은 생쥐와 산토끼에서 사슴에 이르는 다양한 동물들의 수가 지나치게 늘어나지 않도록 조절하는 중요한 역할을 하는 검독수리의 대량 학살이 계속되면 미국에서 검독수리가 전멸하리라는 것을 알았다. 결국 미국 의회는 흰머리독수리법을 개정해서, 검독수리도 사냥을 할 수 없도록 했다. 하지만 미국 내무부는 주지사가 요청을 하면 총이나 덫을 써서 검독수리의 수를 조절할 수 있도록 규정하고 있다.

그날 호크 산에서 검독수리와 흰머리독수리가 우리 옆

을 날아갈 때, 우리는 그들의 크기가 거의 같다는 것을 알았다. 하지만 흰머리독수리의 꼬리는 끝이 잘린 듯 뭉툭한 데 반해, 검독수리의 꼬리는 둥글고 좀 더 길어 보였다.

이제 그들은 조망대의 반대편으로 가 있었다. 우리가 그들을 지켜보기 위해 몸을 돌렸을 때, 아메리카의 매류 중 가장 작은 아메리카황조롱이 한 마리가 공중 높이 날다가 검독수리를 덮쳤다. 자기보다 큰 새들이 나타나 화가 났는지, 아니면 장난을 치려고 했는지, 아메리카황조롱이는 공중 높이 떠올랐다가 다시 검독수리의 등을 덮쳤다. 하지만 두 독수리는 웬 모기가 달려드나 하는 식으로 전혀 관심을 보이지 않은 채 갈 길을 갔다.

세월이 흐른 뒤 그 조망대에서 호크 산 보호구역 소장인 모리스 브라운과 있다가 그 이야기를 했더니, 그는 이주하는 철새들 사이에서는 별로 다툼이 일어나지 않는다고 말해 주었다. 그 보호구역은 1934년 뉴욕 시 비상 보호 위원회의 로절리 에지 부인이 이주하는 매류와 수리류를 사냥꾼들로부터 보호해야 한다고 주장함으로써 탄생했다. 당시만 해도 가을이 오기만 하면 사냥꾼들이 그 조망대 바위로 몰려와서 엽총을 마구 쏘아대 지나가는 매와 수리를 수만 마리씩 살육했다.

브라운은 자신도 작은 아메리카황조롱이가 별 해를 입히지 않으면서 커다란 수리류를 공격하는 광경을 가끔 보았다고 했다. 매와 참매도 가끔 검독수리 옆을 지나가는데, 대개 그 새들은 사이좋게 날아간다. 하지만 1946년 11월에는 예외적인 일이 일어났다.

그날 오후 브라운은 조망대 바위에 누운 채 배율이 7배인 쌍안경으로 하늘을 살펴보고 있었다. 그는 커다란 검은 새 한 마리가 아주 높이 떠 있고 그 옆에 작은 매 한 마리가 있는 것을 보았다. 어떤 새들인지 잘 알아볼 수 없어서 그는 배율이 18배인 쌍안경으로 바꿔 보았다. 그랬더니 큰 새가 검독수리라는 것을 알았다. 하지만 매는 무슨 종류인지 여전

높이 날던 작은 아메리카황조롱이가 검독수리의 등을 향해 내리꽂히고 있다.

히 알 수 없었다.

　매는 검독수리에게 계속 달려들고 있었다. 괴롭히는 것이 분명했다. 갑자기 검독수리가 앞으로 쭉 나오더니 파리가 천장에 앉듯이 수월하게 몸을 뒤집었다. 배를 위로 향한 검독수리는 갈고리발톱을 뻗어 공중에서 매를 움켜잡았다. 브라운은 매가 잠시 빠져나오려 헛수고를 하는 것을 볼 수 있었다. 검독수리는 날개를 뒤로 당기고 엄청난 속도로 땅을 향해 하강하기 시작했다. 검독수리는 매를 움켜쥔 채, 산비탈의 울창한 숲으로 들어갔다. 그들이 사라지기 직전에, 붙잡힌 매의 날개가 양옆으로 펼쳐지면서 붉은 가슴이 드러났다. 붉은날개매였다.

　검독수리는 붉은날개매의 대담하고 성가신 공격을 참고 견디기에는 배가 무척 고팠던 것이 분명했다. 그는 12년 동안 호크 산에서 매일 새들을 관찰해 왔다. 그는 20만 마리가 넘는 매류, 수리류, 독수리류를 관찰해 왔는데, 커다란 맹금

류가 작은 맹금류를 잡는 광경을
본 것은 그때 딱 한 번뿐이었다.

　　호크 산에서 보낸 첫 날 오후 늦게 우리
는 또 한 마리의 검독수리가 조망대 상공으
로 다가오는 것을 보았다. 그것이 그날 본 마지
막 새였다. 해가 질 무렵 검독수리는 나선을 그리며 우리 머
리 위로 높이 날아오르기 시작했다. 우리는 검독수리가 날개
끝의 커다란 비행날개깃들을 쫙 펼치고 장엄한 모습으로 날
아가는 것을 쌍안경으로 지켜보았다. 검독수리는 점점 더 높
이 올라갔고, 지는 햇살을 받으며 점점 더 작아져갔다. 사라
지기 직전에 그것은 꺼져 가는 모닥불인 양, 햇빛을 받아 잠
시 깜박거리며 빛났다. 그런 다음 별들이 희미하게 모습을
드러내고 있는 어두워지는 하늘과 하나가 되었다.

해가 질 무렵, 검독수리가
나선을 그리며 우리 머리 위로 높이 날아오르기 시작했다.

박수치는 부엉이

매들은 한번 짝을 지으면 죽을 때까지 함께 한다.
이런 남다른 애정은 수컷의 화려한 구애 비행을 보면 알 것도 같다.
매 한 쌍이 서로 협력해 딱따구리를 사냥하는 모습.

절벽 꼭대기에 있는 매의 집

우리는 뉴욕 북부에 있는 가파른 산길을 30분쯤 기어올라 야생 매의 둥지가 있는 곳으로 갔다. 내 동료인 버트는 숨을 고르기 위해 멈춰 섰다. 그가 멈추자 안도의 한숨이 절로 나왔다. 거대한 바위들을 타넘고, 솔송나무, 자작나무, 벚나무를 움켜쥐고 몸을 끌어올리느라 나도 숨이 탁탁 막힐 지경이었으니까.

우리가 멈춘 곳은 나무들 사이의 빈터였다. 나무들 사이로 180미터에 걸쳐 가로놓인 협곡이 보였고, 그 너머에 깎아지른 듯한 절벽이 있었다. 우리는 하천이 수천 년 동안 산자락을 깊이 깎아 만든 골짜기 가장자리에 서 있었다.

이따금 3월의 바람이 나직이 포효하며 골짜기를 가득 채웠다. 저 아래쪽 협곡 바닥에서 물이 쏟아지며 내는 굉음도 희미하게 들려왔다. 그곳에서 하천은 굽이치며 골짜기를 빠져나가 절벽 바닥을 휘감아 도는 평온한 강으로 흘러들었다. 저 멀리서, 강이 굽이를 돌며 사라지는 광경이 보였다.

300미터 아래 반대편 둑을 따라 놓여 있는 철길로 장난감처럼 자그맣게 보이는 화물열차가 증기를 내뿜으며 열을 지어 나아가고 있었다. 그렇게 높은 곳에서 밑을 내려다보고 있자니 몸이 밑으로 가라앉는 듯했고, 허공으로 뛰어 날개를 가진 수리나 매처럼 둥실 떠올라 긴 계곡 아래에 있는 붉은

지붕의 헛간들과 갈색 밭들 위로 높이 날고 싶은 강한 충동이 일었다.

갑자기 울부짖는 소리가 들렸다. 처음에는 저음이더니 점점 더 높아지면서 이윽고 계곡 전체에 소리가 쩌렁쩌렁 울려 퍼졌다. 버트가 돌아섰다. 그의 눈이 번득였다. "매야!" 그가 나직이 말했다. 나는 고개를 끄덕였다. 심장 고동이 빨라졌다. 공주도 배가 고플 때나, 다른 매가 부근의 하늘 위에 높이 떠 있을 때면 그렇게 피를 끓게 하는 소리를 지르곤 했다.

우리는 몸을 숙여 울창한 젊은 나무들 사이를 가로질러 계곡 가장자리로 갔다. 매의 둥지는 그리 높은 곳에 있지 않았고, 울부짖는 소리가 가까이에서 들려왔다. 우리는 그 소리가 어떤 의미인지 알고 있었다. 그것은 매의 "대화"였다. 우리는 몇 달 몇 주에 걸쳐 둥지에 있는 야생 매들을 조사하면서 이미 그 울음의 의미를 파악한 상태였다.

어제 우리는 매들이 하루의 첫 식사를 하기 전인, 아침 7시에 산길을 기어올랐다. 우리는 나무들 사이에 몸을 숨긴 채 이른 아침 햇살을 받으며, 둥지가 있는 툭 튀어나온 바위 바로 위의 절벽 꼭대기에 삐죽 나와 있는 죽은 나무에서 그리 멀지 않은 곳에 조용히 앉아 있는 새 한 쌍을 지켜보고 있었다.

매들은 대개 평생, 또는 어느 한쪽이 죽을 때까지 해로

한다. 한쪽이 죽으면 남은 매는 새 짝을 찾으러 나서기도 하지만, 언제나 성공하는 것은 아니다. 우리는 한 절벽에서 외로운 수컷 하나가 여름 내내 눈을 부라리고 사방을 감시하는 모습을 본 적이 있다. 봄에 녀석은 자신과 함께할 암컷을 얻지 못했다. 우리는 그 수컷이 북쪽으로 이주하면서 자기 둥지 옆을 지나치는 암컷을 꼬시려 시도하는 광경을 두 번이나 목격했다. 수컷은 울부짖으면서 이 암반 저 암반으로 흥분해서 날아다녔지만 소용이 없었다. 암컷들이 사라지고 나서 한참이 지난 뒤에도, 수컷은 여전히 둥지에서 날개를 파드득거리면서 암컷들이 사라진 북쪽을 처량하게 바라보고 있었다. 다음 해에 보니 그 절벽에 한 쌍의 매가 살고 있었다. 자세히 살펴 보니, 작년의 그 외로운 수컷이 분명했다. 마침내 짝을 찾은 것이다.

매는 구애할 때 특히 헌신적인 모습을 보인다. 처음에는 몸집이 더 작은 수컷이 주도한다. 수컷은 둥지 주위를 빙빙 돌면서 암컷을 구슬려 둥지가 있는 암반의 약간 움푹 들어간 곳으로 몰아넣는다. 암컷은 먼지 가득한 오목한 곳에 초콜릿 색깔의 반점들이 나 있는 거의 둥그스름한 알을 서너 개 낳는다. 그러면 알들이 절벽 바깥으로 굴러 떨어지는 일이 없기 때문이다.

매 부부는 알이 부화할 때까지 28일 동안 번갈아 알을 품는다. 그들은 사냥한 먹이를 함께 나눠 먹으며, 혼자선 아무것도 할 줄 모르는, 솜털이 보송보송한 하얀 새끼들을 함께 먹이고 돌본다. 새끼 매들은 6주가 되면 깃털이 다 자라서, 처음으로 둥지 밖으로 나간다. 그런 다음 살아 있는 먹이를 잡는 훈련을 시작한다.

우리는 매가 알을 낳기 전인 3월 중순에 그 절벽으로 갔다. 마침 수컷은 적극적으로 구애를 하고 있는 중이었고, 짝을 기쁘게 하느라 열심이었다. 이 무렵 수컷은 종종 홀로 사냥을 나가 먹이를 잡아다 암컷에게 갖다 주곤 했다. 때로는 암컷도 함께 사냥에 나섰다. 이런 광경들을 지켜보고 있으면 정말 가슴이 두근두근했다.

황홀한 구애비행

어제 우리는 그 굶주린 매 한 쌍이 솔송나무에서 뛰쳐나가 쏜살같이 계속 아래로 하강하는 것을 목격했다. 푸른어치 한 마리가 협곡을 가로지르고 있는 중이었다. 피신할 나무 사이로 돌아가기엔 너무 늦었기에, 푸른어치는 자기를 향해 내리꽂히고 있는 매들을 보자 옆으로 몸을 틀었다.

앞장선 수컷은 짝이 바로 뒤에서 오고 있다는 것을 알고 있었던 것이 분명했다. 가끔 그러하듯이, 수컷은 암컷에게 먼저 공격할 기회를 양보했다. 마지막 찰나에 수컷은 새를 덮치지 않고 잽싸게 새 위로 치솟았다. 그러자 뒤따르던 암 컷이 새의 아래쪽을 겨냥하고 공격했다. 암컷이 밑으로 달려 들자, 새는 몸을 돌려 피했다. 하지만 암컷은 비행기를 쫓아 가는 미사일처럼 방향을 돌려 새를 뒤쫓았다. 기어이 푸른어 치를 따라잡은 암컷은 한쪽으로 돌면서 커다란 갈고리발톱 을 세워 공중에서 새를 움켜잡았다.

사냥에 성공한 매 한 쌍은 의기양양 절벽으로 되돌아갔 다. 암컷이 푸른어치를 놓쳤더라도, 바로 위에 있던 수컷이 몸을 돌려 밑에 있는 푸른어치를 공격했을 것이다. 이것은 명백한 협동 사냥이었고, 가장 짜릿한 장면이기도 했다.

울부짖는 소리는 점점 더 높아져갔다. 마침내 우리는 협 곡에서 수컷 한 마리가 날아올라 우리 쪽으로 오는 모습을 볼 수 있었다. 새는 커다란 딱따구리 한 마리를 발톱으로 움 켜쥐고 있었다. 매들은 대개 비행할 때 먹이를 가슴 쪽으로 가까이 붙들고 있는데, 이 수컷은 잡은 새를 뒤쪽으로 질질 끌 듯이 하면서 날고 있었다.

암컷이 날카롭게 외치자 수컷이 화답했다. 그러자 암컷 이 나무 사이에서 튀어나오더니 마치 수컷을 칠 듯이 빠르게 하강했다. 암컷은 수컷 밑으로 지나치면서 옆으로 몸을 뒤집 어 수컷이 쥐고 있던 딱따구리를 낚아챘다.

나중에 우리는 이 둥지에 있는 새끼 매들이 첫 비행을

할 때 어른들의 밑으로 스치듯 지나가면서 먹이를 낚아채는 똑같은 기술을 노련하게 발휘하는 것을 볼 수 있었다. 얼마나 능숙한지 도저히 믿기지 않을 정도였다. 빠르게 날면서 방향을 바꿀 수 있는 계곡 아래쪽의 작은 갈색제비들조차도 매들의 습격에는 당해내질 못했다. 제비들은 막 날아오를 때뿐 아니라 공중에서 제대로 날고 있을 때에도 당하곤 했다.

암컷은 죽은 솔송나무로 날아가 내려앉았다. 암컷이 딱따구리의 깃털들을 잡아뜯자, 알록달록한 가슴 깃털과 노란 줄무늬가 있는 날개 깃털이 바람에 흩날렸다. 암컷이 먹이를 먹는 모습을 지켜보던 우리는 문득 수컷이 어디엔가로 사라졌다는 것을 깨달았다. 사냥하러 계곡 아래로 내려간 모양이었다.

수컷은 20분쯤 지난 뒤 먹이를 잡지 못한 채 돌아왔다. 수컷은 빠르게 협곡 위로 올라오더니, 곧장 둥지가 있는 암반 위에 내려앉았다. 수컷은 잠시 울부짖더니 몇 분 동안 조용히 앉아 있었다. 그러다가 어깨를 구부정하게 움츠리고 고개를 숙인 채 유혹하듯이 낮게 "위츄위츄" 하고 소리를 내면서 걸어갔다. 크게 울부짖을 때와 전혀 다른 소리였다. 마치 구슬리는 듯했다. 하지만 암컷은 암반으로 날아오지 않은 채, 못 본 척하고 죽은 솔송나무에 앉아 깃털 다듬기에만 열중하고 있었다.

갑자기 수컷이 절벽을 떠나 협곡 위에서 상승과 하강을 되풀이하기 시작했다. 버트가 내 팔을 꽉 움켜쥐면서 속삭였다. "구애 비행이야!" 이어서 내 평생 본 가장 놀라운 비행 장면이 펼쳐지기 시작했다.

수컷은 암컷 아래쪽에서 절벽에서 멀어졌다 다가왔다 하면서 천천히 8자 비행을 하기 시작했다. 그러다가 갑자기 선회하면서 빠르게 날갯짓을 하면서 위로 올라갔다. 수컷은 옆으로 몸을 뒤집더니 긴 고리를 그리면서 내려왔다가, 다시 절벽 위 높은 곳까지 긴 곡선을 그리며 올라가는 수직 8자 비행을 시작했다. 고리의 맨 꼭대기에 다다르자, 수컷은 떨어지는 화살처럼 바람을 타고 계곡 밑으로 하강했다. 그랬다가 계곡 아래쪽에서 빠르게 날개를 퍼덕이며 총알처럼 튀어 올라 푸른 하늘로 치솟았다. 수컷은 선회하고 몸을 흔들어대면서 공중으로 점점 더 높이 올라갔다. 녀석은 검은 점으로 보일 때까지 높이 올라갔다가 갑자기 선회해서 길게 사선을 그리면서 절벽을 향해 빠르게 내리꽂히기 시작했다. 수컷이 점점 더 가까이 다가오자, 우리는 그 날개에서 나는 천이 찢겨져 펄럭이는 듯이 윙윙거리는 바람 소리를 들을 수 있었다.

바람 속을 어찌나 빨리 날아가던지, 회색 절벽을 향해 나아가는 검은 선처럼 보였다. 이제 수컷은 껑충껑충 뛰는 야생마처럼 "톱니 모양"으로 위로 길게 올라갔다가 급격히

수컷매가 8자를 그리며 화려한 구애비행을 시작했다.

하강하기를 반복했다가 구르는 낙엽처럼 빙빙 돌았다. 그러다가 갑자기 하늘 높이 치솟더니, 바람이 불어가는 방향 쪽으로 선회했다. 그러자 세찬 바람에 실려 다시 계곡 저 멀리 날아갔다. 수컷은 하늘 높이 작은 점이 될 때까지 날아갔다가 다시 돌아오기 시작했다. 수컷은 날개를 구부린 채 전투기가 적기를 향해 돌진하듯이 절벽을 향해 빠르게 내려갔다. 수컷은 양 날개를 뒤편으로 올려붙인 채 협곡으로 진입했다. 하강하는 날개 깃털 사이로 윙윙거리며 바람 소리가 울려나왔다. 그러다가 갑자기 다시 하늘로 곧장 치솟아 몸을 뒤집어 고리를 그리기 시작했다. 그런 다음 다시 아래로 내려와 멀어졌다가, 위로 상승하면서 앞으로 전진해 다른 고리를 그리기를 되풀이했다.

　수컷의 구애 비행은 시작될 때처럼 갑자기 끝났다. 수컷은 둥지가 있는 절벽 바로 아래에서 천천히 작은 원을 그리며 활공하다가, 날개를 치면서 곧장 위로 올라와 암반 위에 내려앉았다. 죽은 솔송나무에 앉아 있던 암컷은 자기 짝을 뚫어지게 쳐다보고 있었다. 암컷은 한 번 울부짖은 다음 암반 위로 내려앉았다.

버트는 놀라 입을 다물지 못했다. 그는 나를 돌아보았다. 눈이 반짝반짝 빛나고 있었다. 그는 경외심에 사로잡힌 표정으로 말했다. "맙소사! 이런 거 본 적 있어?"

"아니, 한 번도." 그리고 그토록 장엄한 구애 비행은 그 뒤에도 두 번 다시 보지 못했다.

이것이 내가 본 가장 멋진 구애 비행이었지만, 잿빛개구리매의 구애 비행도 아주 멋지다. 나는 어느 부들 습지에서 그 비행을 처음 보았다.

어느 날 나는 멀리 숲 위로 잿빛개구리매 수컷 한 마리가 날고 있는 것을 보았다. 처음에 그저 습지 너머에 한 쌍이 둥지를 틀고 있겠거니 추측했다. 살그머니 숲을 가로질러 탁트인 가장자리로 나아가자, 수컷이 내지르는 날카로운 울음소리가 들려왔다. 막 자라나기 시작한 4월의 나뭇잎들 사이로, 수컷이 곧장 하늘로 치솟았다가 공중에서 롤러코스터를 타듯이 계속 굽이치면서 땅으로 내리꽂히는 모습이 보였다.

수컷은 습지 상공으로 30미터쯤 올라가서 잠시 공중에서 정지해 있다가, 쏜 화살처럼 내리꽂혔다. 거의 바닥에 다다를 즈음, 수컷은 긴 곡선을 그리며 수평으로 각도를 바꾸었고, 그런 다음 다시 위로 치솟았다가 잠시 머물다가 다시 지상으로 하강했다. 수컷은 커다란 U자를 계속 그리면서(UUUUUUUUUUUU) 위아래로 날았다. 맨 위까지 올라간 뒤에는 마치 허공에 매달려 있는 양, 가끔 옆으로 몸을 비틀거나 앞으로 공중제비를 넘은 뒤 다시 습지를 향해 하강했다. 마치 허공에 시를 쓰는 듯 멋지고 아름다운 모습이었다.

잿빛개구리매

땅 위 어딘가에서 커다란 잿빛 암컷이 부들이나 풀 위에 둥지를 짓고 있을 터였다. 그것은 수컷이 암컷 앞에서 한껏 뽐내고 있는 비행이니까. 조류학자들은 수컷이 구애 비행을 할 때 암컷이 이따금 함께 비행을 하고, 그럼으로써 번식기 내내 둘의 관계가 새롭게 돈독해진다고 추측한다.

부드러운 깃털을 가진 커다란 부엉이들 중에는 유난스럽고 시끌벅적하게 구애 비행을 하는 것들이 있다. 놀라운 것은 이들이 대개 소리 없이 나는 야행성 새들이라는 사실이다. 대개 부엉이들은 소리를 내지 않고 사냥을 한다. 그들은 밤에 숲 속이나 벌판 위를 소리 없이 활공 비행이나 날갯짓 비행을 하면서, 빠르게 장애물을 비껴가거나 방심한 상태로

부엉이들은 소리 없이 비행할 수 있는 톱니 모양의 첫째날개깃을 갖고 있다.

있는 쥐나 토끼 같은 동물들을 덮친다. 그들은 낮에 사냥을
하는 높이 활공하는 수리나 매의 날개처럼 홈이 난 첫째날개
깃이 달린 넓고 긴 날개(고공 날개)를 갖고 있다. 하지만 부
엉이들의 날개는 놀랍게도 소리를 내지 않고 날 수 있도록
적응해 있다.

그들의 날개 가장자리는 작은 톱에 난 톱니처럼 작은 톱
니 모양을 이루고 있다. 새의 비행을 생물물리학적으로 연구
하고 있는 어거스트 래스퍼트는 첫째날개깃의 가장자리에
나 있는 이런 톱니들이 부엉이의 날개에서 공기 소용돌이가
생기면서 나는 소리를 없앤다고 믿었다. 하지만 큰 부엉이
중에는 구애 비행 때 일부러 날개로 커다란 소음을 내는 종
류가 있다.

습지와 초원에 사는 쇠부엉이는 땅거미가 깔릴 무렵 구애 비행에 나선다. 쇠부엉이는 땅 위 높은 곳에서 단순한 곡선을 그리며 활공한다. 아래쪽 땅 약간 움푹한 곳에는 암컷이 풀로 둥지를 만들어 놓았다. 수컷은 활공하면서 "청혼가"를 부른다. 청혼가는 일정한 저음의 소리를 15~20번 반복하는 형식이다. 그런 다음 특이하게 펄럭이는 소리를 내면서 땅으로 갑자기 하강한다.

　　이 소리에 감탄한 한 조류학자가 마침내 그 소리가 어떻게 만들어지는지 알아냈다. 그는 쇠부엉이 수컷을 자세히 지켜보았다. 쇠부엉이는 구애 비행 도중에 짧게 하강을 시작할 때, 날개를 몸 밑으로 가져갔다가 뒤로 쫙 펼치는 식으로 빠르게 날개를 친다. 수컷은 하강이 끝날 때까지 이렇게 날개를 쳐댄다. 그 조류학자는 부엉이가 마치 자신의 비행에 박수를 치는 것 같다고 말했다.

　　몇몇 새들은 구애 비행 때 "날개 음악"을 내며, 꼬리 깃털로 청혼가를 부르는 종도 하나 있다. 나는 30여 년 전 4월 어느 날, 전나무와 소나무로 둘러싸인 한 습지 가장자리에 서서 한 번도 들은 적이 없던 구애 비행의 소리를 듣던 순간을 정말 잊지 못한다. 오래 전에 나는 멧도요가 구애 비행 때 날개로 음악 같은 휘파람 소리를 내는 것을 들은 적이 있었다. 그것은 나선을 그리며 밤하늘로 치솟았다가 빠르게 하강하면서 내는 소리였다. 그리고 봄날 목도리들꿩이 구애 비행을 시작할 때 멀리 천둥이 치듯이 쿵쿵 소리가 저음으로 깊게 울린다는 것을 알고 있었다. 목도리들꿩은 통나무를 두드리듯이 날개로 공기를 치면서 커다란 심장이 쿵쿵거리는 듯한 소리를 낸다. 하지만 이 소리는 다른 것이었다.

이 소리는 하늘 높은 곳에서 들려왔다. "우우우우" 하는 고동치는 듯한 소리가 습지 상공에서 기이하게 울려 퍼졌다. 하늘 사방에서 나오는 듯한 부드러우면서도 날카롭게 파고드는 소리였다.

하늘을 두리번거리던 나는 마침내 어스름 속 아주 높은 곳에서 날고 있는 끝이 뾰족하고 부리가 긴 작은 새를 발견했다. 새는 어둑해지고 있는 습지 위를 크게 원을 그리면서 빠르게 날고 있었다. 꺅도요였다. 소리는 새의 입에서 나오는 것이 아니었다. 넓게 펼쳐진 빳빳한 바깥꼬리깃 사이로 공기가 지나가면서 나는 소리였다. 과학자들은 꺅도요가 자신의 영토에 접근하는 다른 수컷들에게 경고하기 위해 일부러 이런 소리를 낸다고 믿는다.

뉴욕 롱아일랜드의 수 습지에서 나는 어떤 새가 날개를 움직이면서 비슷한 소리를 내는 것을 들었다. 때는 1958년 4월 6일 부활 주일이었다. 눈처럼 새하얀 흑고니(흑고니는 물가에 사는 커다란 새인데 1800년대 중반에 유럽에서 아메리카 대륙으로 들어왔다) 두 마리가 습지가 있는 숲 사이로 날고 있었다. 수컷이 긴 목을 쭉 뻗은 채 숲 사이로 흐르는 구불구불한 개천을 따라 날고 있었고, 암컷이 그 뒤를 좇고 있었다. 구애 비행은 아니었다. 하지만 그들이 2.1미터나 되는 날개를 한가롭게 휘저을 때마다 나는 음악 소리에 나는 깊이 감명을 받았다. 그들이 일정한 속도로 리듬 있게 날개를 칠 때마다 빳빳한 첫째날개깃이 공기를 두드리면서 "와아-와아-와아" 하는 소리가 났다. 나는 입으로 똑같은 소리를 낼 수 있었다.

아메리카쏙독새 수컷은 암컷이 알을 품고 있는 곳에 거의 충돌할 정도로 위험한 구애비행을 한다.

아메리카쏙독새는 곤충을 먹는 새로 검고 긴 날개를 갖고 있다. 이 새는 봄과 여름 땅거미가 질 무렵에 구애 비행을 한다. 암컷은 남부의 도시에 있는 건물의 경사가 완만한 지붕이나 탁 트인 초원에 알을 낳는다.

수컷은 둥지 위 아주 높은 곳까지 올라갔다가 땅을 향해 빠르게 내리꽂힌다. 내리꽂힐 때 머리를 아래로 향하고 날개를 약간 접는다. 암컷이 알이나 새끼를 돌보고 있는 곳에 거의 충돌할 때쯤, 수컷은 날개를 몸 아래로 내리면서 빠르게 위로 솟구친다. 위로 솟구칠 때 첫째날개깃 사이로 공기가 지나가면서 "우우우웅" 하는 공허한 큰 소리가 난다. 빈 항아리나 병이나 통 입구로 바람을 불면 이런 소리가 난다.

구애 비행 소리 중에는 종달새, 미식조, 북미멋쟁이새 같은 명금들이 햇살 비치는 벌판에서 내는 것이 가장 섬세하고 멋지다. 그들은 봄이나 여름에 하늘 높이 올라가서 날갯짓을 하지 않고 날개를 떨어대면서 둥둥 뜬 채, 지상으로 감미로운 음을 연달아 낸다.

뉴잉글랜드 지방에서 캐롤라이나 지방에 이르는 해안에서는 매년 가을이 되면 가장 장관이면서 가장 수수께끼 같은 비행이 펼쳐진다. 해안을 따라 걷다 보면 축축한 모래밭에서 먹이를 찾고 있는 아메리카도요를 비롯한 바다새들과 마주친다. 이 새들은 30, 40, 50 또는 100마리씩 떼를 지어 날아올라 마치 한몸인 듯 놀랍도록 빠르게 선회하고 방향을 바꾸면서 바다 위를 날아다닌다.

그러면 어두운 수면 위로 흰 가슴이 반짝인다. 그랬다가 내가 있는 쪽으로 검은 등을 돌리고 돌아서면 거의 모습이 사라진다. 거울을 돌리는 것처럼, 빽빽하게 무리를 지은 그들은 밝아졌다가 어두워졌다 하다가, 마침내 해안 쪽으로 돌아서 뒹구는 낙엽처럼 해변에 내려앉는다.

많은 조류 관찰자들은 이런 무리에서 맨 앞에 나는 새가 지도자이며, 다른 새들이 그 새의 모든 움직임과 방향 바꿈을 그대로 좇는다고 믿는다. 하지만 몇몇 과학자들은 자기들끼리만 무리를 지어 나는 도요나 비둘기 같은 새들에서 맨 앞에 나는 새가 언제나 무리를 이끄는 것은 아니라는 사실을 발견했다. 그들은 지도력이 맨 앞이 아니라 무리의 한쪽 가장자리 전체에서 발휘되는 것 같다고 보았다. 어떤 사람들은 새들이 날 때 텔레파시를 사용하거나 무리를 이끄는 "집단정신"이 있어서 완벽하게 조화로운 비행을 할 수 있는 것이라고 믿는다. 무엇이 새 떼를 이끌든 간에, 방향을 바꾸고 몸을 돌리는 행동이 너무나 빨리 완벽하게 동시에 이루어지므로, 신비하게 설명을 해야만 믿는 사람들이 있는 듯하다. 하지만 언젠가 과학자들은 해답을 찾아낼 것이다.

물 속에서도 난다

어떤 새들은 물속을 난다.
바다오리는 작은 날개로 다른 새들처럼 하늘을 날아다닐 뿐만
아니라 먹이를 찾아 물속을 비행한다.
6월 중순, 알래스카 해안에 등이 검고 배가 하얀 바다오리
수백만 마리가 모여 있는 모습.

물속을 나는 새

미국의 아서 클리블랜드 벤트는 사업가였다가 조류학자가 된 사람이다. 그는 40년이 넘는 세월을 새들을 관찰하면서 《북아메리카 새들의 생활사》라는 21권짜리 책을 펴냈다. 20세기 초 그는 미국 북서부 태평양 해안을 따라 여행을 하다가 바다오리과에 속한 새들이 헤아릴 수 없을 정도로 엄청난 무리를 이루고 있는 것을 보고 경외심에 사로잡혔다. 이 새들은 북반구에서만 살며, 알래스카와 시베리아 해안에 특히 많이 몰려 있다. 벤트는 그들이 다른 새들처럼 작은 날개를 빠르게 치면서 하늘을 날아다닐 뿐 아니라, 거의 속도 변화 없이 먹이를 찾아 물 속을 날기도 하는 것을 보고 대단히 감동했다.

벤트는 바다오리과에 속한 몸길이 40~43센티미터의 바다오리 약 75만 마리가 해마다 바위 위에 둥지를 트는 오레곤 주 스리아크락스에서 출발해, 배를 타고 북쪽 알래스카 해안까지 갔다. 6월 중순에 그는 북아메리카에서 가장 많은 새들이 모여 우글거리고 있는 것을 보았다. 바위 해안 수백 킬로미터에 걸쳐 절벽과 뾰족 튀어나온 암초들 어디를 보든 검고 하얀 새들 천지였다.

바다오리과* 중 아마 북태평양 해안에서 가장 수가 많을 등이 검고 배가 하얀 바다오리가 수백만 마리 있었고, 그보

* 북아메리카의 바다오리과에는 바다오리, 흰눈썹바다오리, 쇠오리, 멸종한 큰바다오리, 바다쇠오리, 퍼핀, 쇠바다제비, 북대서양 해안의 큰부리바다오리 등이 포함된다.

178

다 작은 비둘기바다오리, 댕기퍼핀, 뿔퍼핀, 쇠오리 서너 종류, 바다쇠오리 너덧 종류가 수만 마리 살고 있었다. 그 중 몸길이 15센티미터인 바다쇠오리가 가장 작다.

흑백의 바다오리가 그들 중 가장 점잖다. 이 날카로운 부리를 가진 바다새들은 자기들끼리 빽빽하게 무리를 지어 살지만, 친척 종들이 옆에 있어도 별 상관하지 않고 그들과 바위 해안에서 완벽하게 어울려 지낸다.

벤트는 바다오리들이 작은 날개를 재빨리 움직이며 힘차고 빠르게 날아다녔다고 기록했다. 바다오리들은 날개 크기에 비해 몸이 너무 무거워서 수면 위를 빨리 달리면서 날개를 퍼덕여야 날아오를 수 있다. 고니, 기러기, 아비, 논병아리, 일부 오리류 등 몸이 무거운 다른 새들도 수면에서 날아오르려면 먼저 열심히 달려야만 한다.

바다오리들은 보금자리가 있는 절벽에서 날 때는 급경사를 이루면서 빠르게 아래로 활공했다가 긴 곡선을 그리며 바깥으로 나아가면서 수평 비행을 한다. 물 속으로 뛰어든 뒤에는 날개를 빠르게 마구 휘저으면서 물 속을 빠르게 날아 작은 물고기들이 떼지어 있는 곳으로 돌진한다. 그러면서 뾰족한 부리로 물고기를 한 마리씩 낚는다.

벤트는 알래스카의 알류산 열도에서 바하칼리포르니아까지 분포하는 몸길이 20센티미터의 카신바다쇠오리가 물 속으로 들어가 2분 이상 머물 수 있다고 썼다. 꼬마바다쇠오리를 비롯한 다른 바다쇠오리류들과 마찬가지로, 그들도 양날개를 마구 휘저으면서 물 속에서 빠르게 움직인다. 벤트는 그들이 공중 비행 때와 달리 날개를 활짝 펼치지 않고 몸통과 평행하게 유지하면서 물 속을 난다는 것을 알았다. 바다오리와 마찬가지로 그들도 날개를 양옆으로 쭉 뻗었다가 몸통 옆으로 끌어당기는 동작을 하면서 움직였다.

몸길이 35센티미터인 비둘기바다오리는 강하게 똑바로 공중을 나는데, 대개 수면 가까이에서 난다. 그들도 물 속으로 뛰어든 뒤에는 날개를 저어 몸을 움직인다. 그들은 방향을 잘 잡기 위해서인지 새빨간 발을 뒤로 쭉 뻗은 채 움직인다.

북태평양 해안에서 물 속을 나는 새들 중에 가장 벤트의 관심을 끈 새는 댕기퍼핀이었다. 몸집이 비둘기바다오리만 한 이 검은색의 바다새는 앵무새처럼 크고 새빨간 부리를 갖고 있으며(암수 똑같이) 우스꽝스러울 정도로 엄숙한 모습을 하고 있다. 이 새는 "바다앵무"라고도 불린다. 눈 바로 위에

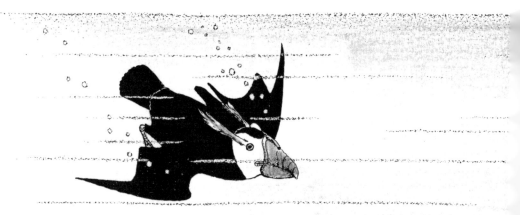

밀짚 색깔의 긴 깃털이 뒤로 죽 뻗어 있고, 얼굴이 하얘서 "바다의 노인"이라고 불리기도 한다. 이 새는 사람을 겁내지 않으며, 둥지가 있는 북극 지방의 섬들에서 땅 속에 굴을 파만든 둥지나 바위 틈새에 만든 둥지 입구에 똑바로 서서 호기심 가득한 표정으로 사방을 둘러보면서 많은 시간을 보내곤 한다.

나는 이 웃기게 생긴 새들이 물 속에서 어떻게 헤엄을 치는지 한번 제대로 보고 싶었다. 그래서 어느 날 뉴욕 시의 브롱크스 동물원에 있는 수생 조류관을 찾아갔다. 동물원에서는 유리 상자 속에 댕기퍼핀 몇 쌍을 넣어두어 그들이 물 속으로 뛰어들어 수영하는 모습을 볼 수 있도록 했다.

퍼핀들은 수면에서 헤엄을 칠 때는 가끔 몸을 위로 끌어올려 깃털을 부풀리면서 오리 날개 같은 짧은 날개를 흔들어대곤 했다. 그들의 발에는 물갈퀴가 나 있다. 그들은 오리처럼 발가락 사이의 물갈퀴들을 쫙 펼치면서 먼저 한 발을 뒤로 밀었다가 반대편 발을 밀면서 노를 젓듯 헤엄을 쳤다.

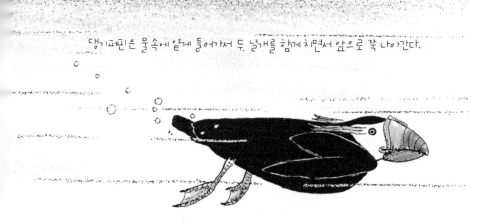

댕기퍼핀은 물속에 얕게 들어가서 두 날개를 함께 치면서 앞으로 쭉 나아간다.

퍼핀들은 잠수를 할 때는 얕게 들어가서 양 날개를 동시에 치면서 앞으로 전진했다. 이때는 발을 노처럼 젓지 않고 뒤로 뻗은 상태에서 날개를 저어 앞으로 나아갔다. 날개를 한 번 저으면 아래쪽으로 쭉 나가고 그 다음에 저을 때에는 위쪽으로 쭉 나가는 식으로 움직였다. (하지만 알래스카 해안을 항해하는 배 갑판에서 댕기퍼핀을 관찰한 벤트는 이들이 물 속에서 헤엄을 칠 때 두 날개를 움직이면서 동시에 발을 노처럼 젓는다고 했다.)

댕기퍼핀은 날개는 작은데 상대적으로 몸이 무겁기 때문에 수면에서 공중으로 날아오르기가 쉽지 않다. 벤트는 이 새들이 수면에서 하늘로 날아오르기 위해 격렬하게 날갯짓을 하다가 떠오르지 못하고 처음 상태로 돌아왔다가 다시 시도하는 모습을 종종 목격했다. 그들은 땅에서 날아오를 때에도 마찬가지로 힘겨워한다. 그들은 대개 물가의 벼랑이나 비탈에서 공중으로 뛰어내리는 식으로 난다. 하지만 일단 공중에 뜨고 나면 힘차게 지속적으로 비행할 수 있다. 그들은 25센티미터나 되는 물고기도 먹으며, 연체동물, 성게, 해조류도 먹는다. 그들은 둥지가 있는 곳에서 몇 킬로미터나 떨어진 곳으로 먹이를 찾아다니기 때문에, 매일 기나긴 일주 여행을 한다.

나는 브롱크스 동물원을 떠나기 전에 펭귄관에 들렀다.

그 어떤 새들보다도 물 속에서 더 잘 "날" 수 있는 새를 보기 위해서였다. 펭귄은 바다오리류의 친척이 아니라, 남반구에만 사는 날지 못하는 바다새의 한 과에 속한다. 미국의 과학자이자 새와 동물들에 관한 재미있는 책들을 많이 쓴 작가인 윌리엄 비비 박사는 펭귄이 세상에서 가장 놀라운 새라고 생각했다.

펭귄은 17종 또는 18종이 있다. 두 종은 남극에 살며, 다른 종들은 남아메리카의 남쪽 해안과 북쪽 페루의 서해안까지 퍼져 산다. 그리고 오스트레일리아와 아프리카의 남해안에 사는 종들도 있다. 펭귄은 날지 못하지만, 과학자들은 그들이 하늘을 날았던 조상의 후손이라고 믿는다. 그들은 수백만 년 동안 바다에서 생활하며 적응하다 보니 공중을 나는 능력을 잃은 것이 분명하다.

춥고 어두운 펭귄관 안으로 들어가니, 전등이 판유리 너머로 초록빛 물웅덩이를 밝히고 있었다. 그 물웅덩이 너머에 커다란 임금펭귄 몇 마리가 있었다. 키는 90센티미터에, 몸무게는 70파운드쯤 되어 보였다. 그들은 날개를 양옆으로 벌린 채 바위 같은 단단한 표면에 서 있었다. 다른 새들의 날개는 깃털이 정해진 수만큼 나 있고 구획이 잘 되어 있지만, 펭귄의 날개는 비늘 같은 작은 깃털들로 두껍게 덮여 있다. 앞으로 살펴보겠지만, 그들의 지느러미 같은 날개는 단단하고 회전 운동을 할 수 있다는 점에서 배의 프로펠러와 흡사하다. 펭귄은 새가 하늘을 날 때와 거의 비슷하게 날갯짓을 하면서, 이 프로펠러로 물 속을 날아간다.

나는 임금펭귄들의 몸이 매끄러운 비늘 같은 깃털들로 빽빽하게 뒤덮여 있고, 어뢰 형태라는 점에 주목했다. 과학자들은 몇몇 펭귄이 물 속에서 시속 40킬로미터로 헤엄을 칠 수 있다고 추정한다.

그 물웅덩이에는 임금펭귄보다 몸집이 훨씬 작은 다른 두 종류의 펭귄들도 함께 헤엄치고 있었다. 하나는 남아메리카를 탐험했던 독일의 위대한 과학자 알렉산더 폰 훔볼트의 이름을 딴 훔볼트펭귄이었고, 다른 하나는 바위뛰기펭귄이었다.

멋진 훔볼트펭귄은 페루와 칠레의 해안에서 흔히 볼 수 있다. 키는 약 60센티미터이며, 몸무게는 4~5킬로그램이다. 그들은 내가 서 있는 곳에서 몇 미터도 되지 않는 수면에서 헤

훔볼트펭귄들은 날개, 즉 "앞발"을 동시에 앞뒤로 리듬있고 우아하게 젓는다.

엄을 쳤는데, 암수가 똑같아 보였다. 머리는 검었는데, 눈 위로 흰 깃털들이 띠처럼 나 있었다. 그 띠는 아래로 이어져 검은 목을 휘감은 다음 양쪽으로 갈라져서 아래로 뻗어 있었다. 그 하얀 띠는 검은 깃털이 나 있는 등과 선명한 대조를 이루었다. 가슴 깃털은 흰색이었고, 눈의 홍채는 적갈색이었다.

나는 그들이 물 위에서 물갈퀴가 난 발을 노를 젓듯이 움직이면서 헤엄치는 모습을 지켜보았다. 그들은 물 속으로 들어갈 때, 뛰어들면서 앞으로 쭉 나가는 것이 아니라, 그냥 부리와 머리를 물 속으로 넣고 가라앉았다. 그러면서 물갈퀴가 달린 발은 뒤로 뻗어 뾰족한 꼬리 밑에 놓은 채 날개를 젓기 시작했다. 그들은 두 날개를 동시에 저었다. 날개는 우아하고 리듬있게 앞뒤로 움직였다. 그들은 날개를 어깨에서 돌리면서 젓는 듯했다.

페루와 칠레의 해안에서 잠수할 때, 훔볼트 펭귄은 한쪽 날개로는 제동을 걸고 다른 쪽 날개는 열심히 저으면서 순식간에 방향을 바꾸며 물 속을

임금펭귄

빠르게 돌아다닌다. 배 위에서 내려다보면, 그들이 물고기를 낚아 게걸스럽게 먹어치우는 모습을 볼 수 있다. 그들은 50~70초 동안 물 속에 머물러 있기도 하며, 숨을 쉬기 위해 잠시 물 밖으로 나왔다가 다시 먹이를 찾아 물 속으로 들어가기도 한다. 그들은 멸치류를 아주 좋아한다.

물 속에서 물고기를 잡는 펭귄들이 언제나 안전한 것은 아니다. 위험한 적인 얼룩무늬물범이라는 남반구의 바다표범에게 잡아먹히는 펭귄들도 많다. 얼룩무늬물범의 수컷은 몸길이가 2.7미터이고 암컷은 4.6미터까지 자란다. 이들은 정말 식성이 좋다. 미국 자연사 박물관의 로버트 머피 박사가 사우스조지아 섬에 속한 베이 제도에서 죽은 한 물범의 위장을 조사해 보니 커다란 임금펭귄 네 마리의 잔해가 나왔다.

물 위에 내려앉거나 물 속으로 뛰어드는 새는 물에 사는 적들에게 공격을 받기 마련일 것이다. 몇 년 전에 오리 사냥꾼 몇 명이 가을 아침에 뉴저지 주 래리턴 만에서 작은 배에 웅크린 채 노를 저어 가다가 벌어진 이야기를 들려준 적이 있다. 그들이 해변에서 8킬로미터쯤 나갔을 때였다. 어슴푸레한 가운데 갑자기 수면에서 커다란 생물이 마구 몸부림을 치는 모습이 보였다. 가까이 다가간 그들은 아귀 한 마리가 막 죽어가면서 몸부림을 치는 중이라는 것을 알았다. 아귀의 입에는 깃털이 한 아름 삐죽 튀어나와 있었다. 그 때문에 물 속으로 들어갈 수 없는 듯했다.

그들은 몸길이가 91센티미터나 되는 그 물고기를 배 위로 끌어올렸다. 살펴보니 아귀의 목에 커다란 재갈매기가 틀어박혀 있었다. 아귀는 폭이 약 25센티미터나 되는 커다란 입을 갖고 있었지만, 재갈매기를 삼키지도 게워내지도 못하고 있었다. 물고기의 입 속으로 끌려 들어간 그 새는 이미 죽어 있었다. 머리가 한쪽 날개 뒤쪽으로 꺾여 있었다. 아귀는 아마 수면으로 올라와 물 위에 뜬 채로 잠이 들어 있던 그 새를 덥석 잡아먹었을 것이다.

1965년 11월 19일 매사추세츠에 사는 한 어부가 워싱턴에 있는 미국 어류 및 야생동물국의 조류표지과에 재갈매기의 다리에 끼워져 있던 알루미늄 고리를 회수했다고 신고했다. 그 재갈매기를 잡아먹은 아귀를 잡았던 것이다. 그 고리는 1963년 여름에 한 여성이 매사추세츠 에드가타운 근처의 재갈매기 군락에서 아직 날지 못하는 새끼의 다리에 끼운 인식표였다.

뉴펀들랜드에서 케이프해터래스까지 미국의 대서양 해안에 자주 나타나는 아귀는 커다란 메기처럼 생긴 거대한 물고기이다. 아귀의 입 속은 상어의 입 속처럼 무시무시하다. 위아래 턱에는 길고 날카로운 이빨들이 목 안쪽을 향해 나 있다. 이 이빨들은 아귀가 삼키고자 한 생물을 목 안쪽으로 밀어 넣는 역할을 한다. 반대로 입 속에 있는 것을 밖으로 꺼내려 하면 튀어나온 이빨들에 걸리고 만다. 그래서 아귀의 입 속에 일단 들어간 살아 있는 먹이는 다시 밖으로 빠져나오기가 어렵다.

아귀는 기러기를 공격하기 때문에 "기러기물고기"라고도 불리는데, 북대서양 해안에 사는 아비, 야생 오리, 논병아리, 검은바다오리와 큰부리바다오리 같은 새들도 잡아먹는다. 아귀의 배를 갈라 보았더니 위장에 야생 오리 7마리의 잔해가 있었다는 기록도 있다.

새를 공격하는 물고기는 아귀만이 아니다. 어느 날 오후 대서양에서 고기를 낚던 어부들은 배 근처에서 아비가 물 속으로 뛰어들어 헤엄치는 광경을 보았다. 아비는 물 속에서 힘센 발을 이용해 앞으로 나아간다. 날개는 균형을 유지하고

가마우지는 주로 발을 이용해서 빠르게 나아간다.

방향을 잡는 데에만 쓴다. 방해를 받지 않을 때, 아비는 물 속에서 30~45초쯤 머물 수 있다. 하지만 놀라거나 배를 탄 사람들이 뒤쫓으면, 물 속에 3~5분까지 머물면서 몇 백 미터를 헤엄쳐갈 수 있다.

아비가 잠시 물 위로 떠올랐을 때, 어부들은 커다란 환도상어 한 마리가 수면으로 다가오는 것을 보고 깜짝 놀랐다. 환도상어는 아비 옆으로 다가오더니 꼬리로 아비를 세게 후려쳤다. 그런 다음 한입에 꿀꺽 삼키고는 물 속으로 유유히 사라졌다.

물 속으로 뛰어들어 물고기를 잡는 가마우지도 아비나 논병아리와 마찬가지로 몸의 비중과 부력을 조절해 물 속으로 어느 정도 가라앉을 수 있다. 그들은 몸과 깃털에서 공기를 빼내는 방법을 쓴다. 그들은 물 속으로 뛰어든 뒤, 주로

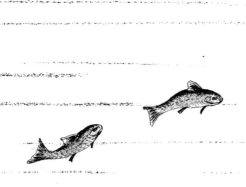

발을 써서 앞으로 빠르게 나아간다. 반쯤 벌린 날개의 도움도 어느 정도 받는다. 어부들은 가마우지가 믿을 수 없는 속도로 순식간에 물 속으로 사라지는 모습을 자주 목격했다. 몸길이 2.4미터의 아귀에게 잡아먹히는 것이다.

식용 대구도 물 속에서 헤엄치는 새를 집어삼킨다. 몇 년 전 뉴펀들랜드 해안에서 "바다비둘기"라고도 하는 검은바다오리를 집어삼킨 커다란 대구가 잡힌 적이 있다. 검은바다오리는 몸길이가 30센티미터쯤 되며, 큰부리바다오리와 대서양의 퍼핀과 더불어 아메리카 북서부의 바위 해안에 둥지를 트는 바다오리류의 일종이다.

펭귄, 슴새, 남반구 대양의 잠수바다제비, 가마우지, 바다오리류 등 날개를 이용해 물 속에서 헤엄을 치는 새들은 대부분 물새, 즉 바다새들이다. (잠수하는 오리류, 즉 바다에 사는 오리류는 수면에서 빠르게 완전히 물 속으로 들어가지만, 일단 물 속에 들어간 뒤에는 대개 발을 이용해 앞으로 나아간다.)

육지새들 중에도 물 속을 "나는" 새가 한 종류 있다. 명금류에 속한 물까마귀류가 바로 그렇다. 미국 서부, 알래스카, 캐나다 극서부의 계곡에는 몸길이 20센티미터의 아메리카물까마귀가 산다. 물까마귀는 물살이 빠른 하천, 호수, 연못에서 긴 다리와 물갈퀴가 없는 발로 물 속을 걸어다니면서 돌 밑에 숨어 있는 날도래 유충 같은 수생 곤충들을 찾는다. 물장군류나 물방개류도 먹고, 작은 물고기도 잡아먹는다. 물이 깊은 곳에서는 잠수를 해서 짤막한 날개를 마구 휘저으며 헤엄을 친다.

물까마귀는 그런 생활 방식에 아주 잘 적응해 있다. 회갈색 깃털은 안에 솜털이 두껍게 뒤덮여 막을 이루고 있어서 부드럽다. 깃털에는 기름샘이 많이 있어서, 물까마귀는 부리로 기름을 짜내 깃털을 방수 처리한다. 또 콧구멍에는 물이 들어오지 못하도록 막는 덮개가 달려 있다. 그리고 계곡의 폭포와 여울에서 생기는 물보라 속을 날아갈 때 눈을 덮어 주는 제3의 눈꺼풀인 순막을 갖고 있다.

과학자들은 물까마귀가 명금류의 어느 조상에서 나왔는지 확실하게 밝혀내지 못한 상태이다. 지빠귀 종류에서 유래했다고 믿는 학자들도 있고, 굴뚝새 종류에서 나왔다는 학자들도 있다. 물까마귀의 외모와 습성을 보면 굴뚝새류와 비슷하다. 물까마귀는 물 속에서 능숙하게 헤엄을 친다. 수심 6미터인 연못 바닥을 날아다니는 모습을 보았다는 기록도 있다. 어느 관찰자는 물까마귀 두 마리가 수면 위를 날다가 곧장 물 속으로 자맥질하는 것을 보았다. 그 물까마귀들은 물 속을 날아서 연못 끝까지 갔다고 한다.

우험한 사고들

새들의 세상인 하늘은 자유롭고 완벽한 공간일 것 같지만 새들도
예기치 않은 사고를 당한다.
때로는 실수로, 때로는 인간들 때문에,
때로는 자연의 파괴력 때문에.
그림은 북아메리카에서 가장 큰 새 중 하나인 아메리카사다새.

번개 맞은 새들

날아다니는 새들을 보고 있노라면 그들이 하늘의 주인이라는 인상을 받는다. 대체로 그렇다. 들판과 연못 위를 스치듯 낮게 날면서 재빠르게 날아가는 제비들, 공중에서 무시무시하게 먹이를 덮치는 검독수리, 사냥꾼의 총을 피하느라 나무 둥치나 가지 사이를 이리저리 들락거리면서 천둥치는 소리를 내는 목도리들꿩을 보면 그렇다. 놀라울 정도로 숙련된 솜씨로 순식간에 날아가는 새들을 지켜보고 있으면, 그들이 판단 착오로 사고를 당할 수도 있다는 얘기가 도저히 믿기지 않을 것이다.

하지만 새들도 사고를 당한다. 사고는 자신의 결함 때문에 일어날 수도 있고, 미리 대처할 수 없는 인위적인 위험 때문에 일어날 수도 있다. 자연은 하늘과 땅의 모든 생물들에게 갑작스럽게 엄청난 파괴력을 가할 때도 있다.

아메리카사다새는 북아메리카에서 가장 큰 새 중 하나이다. 몸무게가 7~8킬로그램인 이 눈처럼 새하얀 새들은 날개폭이 2.5~3미터에 달한다. 이들이 하늘 높이 원을 그리며 떼를 지어 나는 광경은 정말 장관이다. 바깥쪽이 검은 흰 날개는 끝이 벌어져 홈이 나 있고, 이 홈들은 날 때 열린 채로 있다. 고니나 기러기의 넓은 날개처럼, 이들의 날개도 바다 위를 활공하는 알바트로스, 군함조, 열대조, 가네트, 갈매기

의 길고 좁은 날개와 수리, 독수리, 매의 홈이 나 있는 넓은
날개를 절충한 형태이다.

아메리카사다새는 주로 미국 서부의 호수 안에 있는 섬
들에 둥지를 튼다. 그들은 비행을 아주 좋아하는 듯하다. 가
끔 수평선에 천둥을 머금은 검은 폭풍우가 어른거릴 때면,
어른 사다새들은 흥분해서 바람이 휘몰아치면서 어두컴컴해
지는 하늘로 나선을 그리며 날아오른다. 그런 다음 그들은
아래로 쏜살같이 하강한다. 그들이 날개를 반쯤 접은 채 땅
으로 곤두박질칠 때면, 빳빳한 첫째날개깃에서 멀리 천둥이
치는 것 같은 포효 소리가 울려나온다.

1939년 4월 4일 네브래스카 주 넬슨에 격렬한 전기 폭
풍이 연달아 몰아쳤다. 길이 물에 잠기자, 그 지역 농부인 에
밀 쉬리프는 14살 된 아들 아서에게 말을 타고 학교로 가서
동생들을 데려오라고 시켰다.

소년은 오후 3시 30분경에 말을 몰고 길로 나섰다. 그는
번개가 번쩍거리고 폭발이 일어나는 광경을 보고 얼어붙었
다. 100미터쯤 떨어진 벌판에서 전기 불꽃이 튀겼다. 아서는
하늘을 올려다보았다. 벌판 100미터쯤 상공에서 아메리카사
다새들이 대규모로 떼를 지어 날아다니고 있었다. 땅을 향해
내리꽂히고 있는 녀석들도 많았다. 75마리쯤 되는 무리에서
34마리가 번개에 맞아 땅에 떨어졌다. 그 중 한 마리는 금방

몸을 추슬러 다시 날아올랐지만, 33마리는 즉사했다. 그들의 하얀 깃털들은 번개의 열에 타서 누렇게 변했다.

미국의 선구적인 조류학자이자 새 그림의 대가이기도 한 제임스 오두본은 아메리카쏙독새 두 마리가 번개에 맞아 죽는 광경을 목격했다. 1800년대에 플로리다에서 조류 탐사를 하고 있을 때였다. 그는 이렇게 썼다.

인디언키에서 나는 천둥을 머금은 엄청난 폭풍우 속에서 날고 있던 새 한 쌍(아메리카쏙독새)이 번개에 맞아 죽는 것을 보았다. 그들은 바다에 떨어졌다. 나중에 건져서 자세히 살펴보았지만, 깃털이나 내장이 상한 곳은 전혀 없어 보였다.

내 친구이자 오랜 세월 전국 오두본 협회의 남부 보호구역들을 관리해 온 알렉산더 스프런트는 어느 날 새와 번개에 관한 근거가 확실한 이야기를 들었다. 찰스턴에서 그리 멀지 않은 사우스캐롤라이나 주 로우 카운티에서 나온 이야기였다.

가마우지는 아메리카의 대서양과 태평양 양쪽 해안에서 물고기를 먹고사는 검은 새이다. 그들은 몸길이가 약 90센티미터, 날개폭이 1.2~1.5미터, 몸무게는 1.8~2.3킬로그램쯤 된다. 그들은 왜가리처럼 힘겹게 난다. 넓은 날개를 천천히

대서양과태평양양쪽해안에서 물고기를 먹고사는 새 가마우지

저으면서 길고 가느다란 목을 쭉 뻗은 채 V자 편대를 이루어 날고 있는 모습은 마치 검은 기러기 떼 같다.

1941년 4월 11일 워드맬로 섬의 밭에서 네 농부가 이야기를 나누고 있었다. 오후 2시쯤 되자 격렬한 전기 폭풍이 밀려들면서 우박이 내렸다. 하늘에서는 새 떼가 날고 있었는데, 어느 순간 번개가 번쩍하면서 이어서 하늘이 무너질 듯한 천둥소리가 울렸다. 그러자 무리 중 네 마리가 땅으로 곤두박질쳤다. 농부들이 가서 살펴보니 모두 죽어 있었다. 그 새들은 봄 털갈이를 한 쌍뿔가마우지였는데, 새로 난 깃털을 살펴보았지만 번개에 맞은 흔적은 전혀 없었다.

실제로는 보고된 것보다 이런 일은 더 많이 일어나고 있겠지만, 번개에 맞아 죽은 새들을 보았다는 기록은 매우 드물다. 내가 알고 있는 이야기가 하나 더 있다.

미국 자연사 박물관에서 조류 학예관으로 있던 존 짐머 박사가 들려준 이야기이다. 그가 이주하고 있는 흰기러기와 청회색기러기를 지켜보고 있는데, 번개가 새들의 한가운데를 뚫고 지나갔다. 많은 새들이 떨어지기 시작했다. 하지만 몇 마리는 땅에 닿기 전에 몸을 추슬러 계속 날아갔다. 그래도 50마리가 넘는 새들이 죽었다. 한 마리는 아예 형체를 알아볼 수 없을 지경이었고, 몇 마리는 땅에 부딪힐 때의 충격으로 내부가 심하게 손상을 입은 상태였다. 하지만 깃털이 그을린 새는 한 마리도 없었다.

비행 사고

공중에서 다른 자연력에 피해를 입어 죽음을 맞이하는 새들도 있다. 1951년 4월 금관상모솔새, 굴뚝새, 단물빨이딱따구리, 미국울새, 홍양진이 등 많은 명금류들이 큰 무리를 지어 뉴햄프셔 주 워싱턴 산을 넘어 북쪽으로 이주하고 있었다. 그때 갑자기 강한 하강 기류가 불어닥치면서 새들을 산등성이 아래쪽으로 휘감아 비탈에 내동댕이쳤다. 다음 날 조류학자가 가 보니, 눈 위에 부러지고 뭉개진 새들의 잔해가 널려 있었다.

북쪽으로 향했다가 서쪽으로 이동하면서 미국 동부를 가로지르는 열대 태풍은 바다에 있는 바다새들을 육지 한가운데로 실어나르기도 한다. 바다새들 중에는 물 위에서 상승 기류의 도움을 받아 달리기 시작해야만 날아오를 수 있는 것들이 많다. 해안 절벽에서 공중으로 뛰어내려야 날 수 있는 새들도 있다. 슴새와 바다제비는 태풍에 휘말려 내륙으로 들어와 내려앉으면, 다시는 날아오를 수 없다. 대개 그들은 굶어죽거나 개나 고양이 같은 포식자에게 잡아먹힌다.

1954년 11월 어느 날 밤, 작은 오리처럼 생긴 물새인 알락부리논병아리 떼가 노스캐롤라이나 주 럼버튼 상공을 날아 이주하고 있었다. 그들도 비슷한 곤경에 빠졌다. 이들도 짧은 날개를 마구 파드득거리면서 수면 위를 빠르게 달려야만 하늘로 날아오를 수 있다. 땅에 내려앉으면 그야말로 완전히 무력해진다. 어느 비 오는 밤에 이주하던 논병아리 떼가 물에 젖어 빛나는 한 도로를 하천으로 착각했다. 도로에 내려앉은 그들은 날아오를 수가 없었다. 다음 날 그 도로에 교통 체증이 날 정도로 자동차들이 오갔고, 수많은 새들은 그저 무력하게 깔려 죽을 수밖에 없었다.

내가 들은 가장 놀라운 "자연적인" 비행 사고 중 하나는 영국에서 찌르레기 떼 한가운데로 날아들었다가 죽임을 당한 꿩 이야기였다. 찌르레기 떼를 덮치곤 하는 매도 느슨하게 흩어져 날고 있던 찌르레기들이 갑자기 서로 가까이 몰려들어 거의 고체 덩어리가 되어 맞서면 낭패를 당할 수 있다. 대개 새들이 이런 기동 전술을 발휘하면 매는 몸을 돌려 떠나서 홀로 날아가는 새를 찾는다. 매들은 떼지어 있는 새에게 접근하면 위험하다는 것을 배우거나, 밀집해서 날아가는 새들을 당해낼 수 없다는 것을 본능적으로 아는 것이 분명하다. 헌데 그 꿩은, 사냥꾼에게 놀라 빨리 달아난다는 것이 그만 찌르레기 무리 속으로 곧장 돌진하는 꼴이 되고 말았다.

얼마 전에 나는 한 새가 겪은 또 다른 아주 기이한 사고 이야기를 들었다. 작은 새들은 종종 "패거리를 지어" 적이라고 간주한 매나 부엉이 같은 커다란 새에게 덤벼들곤 한다. 그들은 몸집 큰 새의 등으로 내리꽂혀서 깃털을 잡아뜯거나 부리와 발로 머리를 때린다. 조류학자들은 이런 행동을 "떼거리 공격"이라고 한다. 그것은 커다란 새를 괴롭혀 멀리 쫓아내기 위한 행동이며 대개 효과가 있다.

두 조류학자가 어느 가을날, 물수리 한 마리가 강이 급하게 굽이를 돌면서 생긴 호수 위를 날고 있는 것을 보았다. 물수리는 수면 위로 내리꽂히는 작은 새들에게 쫓기면서 허겁지겁 마구 날고 있었다. 물수리는 떼거리로 공격중인 작은 추적자들을 피해 정신 없이 내빼고 있었다. 그러다가 몇 차례 드러누워, 공격당하는 매들이 으레 하듯이 갈고리발톱을 위로 치켜올려 습격자들을 때렸다. 그 행동은 드러누워 습격자를 발톱으로 할퀴는 고양이를 연상시켰다.

그러다가 그만 물수리는 갑자기 첨벙 소리를 내며 물 위로 떨어졌다. 두 사람은 좀 지켜보다가 물수리에게 다가갔다. 물수리는 아직 살아서 물 위에 떠 있었지만, 충격 때문인지 몇 분 뒤 죽었다.

물수리를 조사한 두 조류학자는 물수리가 공중에서 몸을 뒤틀면서 습격자들에게 발톱으로 대항하다가 실수로 칼날처럼 날카로운 갈고리발톱을 자기 한쪽 날개에 박아 넣었다는 것을 알았다. 그 충격으로 팔꿈치 위에 있는 위팔뼈가 부러지고 말았다. 매는 날개에서 갈고리발톱을 빼내기 위해 격렬하게 몸부림을 쳤지만 소용없었다. 매는 자기가 만든 함정에 빠진 꼴이 되어 날지도 못하고 무력하게 죽어갔다.

새들은 때로 공중에서 서로 충돌하기도 한다. 어느 날 나는 한 무리에 있던 나무참새 두 마리가 연못 위로 하강하다가 거의 충돌할 뻔한 광경을 보았다. 마지막 순간에야 그들은 가까스로 서로를 비껴가 중상이나 죽음을 피했다. 정말 손에 땀이 날 만큼 아슬아슬한 순간이었다.

이런 충돌 사고는 그리 드문 일이 아닌 것 같다. 저명한 조류학자인 도로시 스나이더는 연못 위에서 미국갈색제비 두 마리가 공중 충돌하는 장면을 목격했다. 한 마리는 물에

나무참새 두 마리가 하강하다가 거의 충돌 일보직전, 가까스로 비껴갔다.

떨어진 뒤 전혀 날아오를 기미를 보이지 않았다. 가서 건져
보니 이미 죽은 상태였다.

　　자연적인 사고 중에는 새가 깜짝 놀라거나 판단 착오로
일어나는 것도 많다. 코넬 대학의 조류학 교수인 아서 앨런은
1920년대에 뉴욕 이타카의 목도리들꿩의 질병 연구로 선구적
인 업적을 남긴 사람이다. 훗날 그는 내게 심한 사고로 죽은
목도리들꿩을 해부한 이야기를 해 주었다. 한 마리는 몸 속에
꽤 큰 나뭇가지가 박혀 있었다. 덤불 사이를 빠르게 날 때 목
에 틀어박힌 것이 분명했다. 또 한 마리는 멀떠구니가 찢겨진

채 가슴 피부를 뚫고 약간 튀어나와 있었는데, 그 안에는 도토리들이 들어 있었다. 나무 같은 단단한 것에 엄청난 힘으로 부딪힌 듯했다. 멀떠구니는 완전히 나온 상태였다.

또 데이비드 니콜스라는 사람은 1939년 11월 24일 노란눈썹지빠귀가 날지 못하고 있는 것을 보았다. 꼼짝 못하고 있는 새를 집어들어 살펴보니, 부리에 도토리 하나가 박혀 있었다. 도토리를 빼낼 수 없자 오랜 기간 아무것도 먹지 못한 것이 분명했다. 니콜스가 도토리를 빼내 주자, 새는 후들거리며 날아갔다.

위험한 인간들

하지만 새들이 겪는 이런 자연적인 사고들을 모두 합친다 해도, 인간이 일으키는 피해에는 비할 바가 못된다. 매년 수만 마리의 새들이 도로 상공을 가로지르다가 달리는 자동차에 치여 죽는다. 그리고 그보다 훨씬 더 많은 철새들이 밤에 이주하다가 245~305미터 높이의 텔레비전 송신탑과 통신선에 부딪혀 죽거나 불구가 된다. 구름이 짙게 깔리거나 비 오는 날 밤에 어쩔 수 없이 낮게 날아 이주하다가 도시의 고층 건물에 부딪히는 끔찍한 사고를 당하기도 한다. 또 공항의 운고계에서 나오는 촛불 2500만 개를 합친 것만큼 눈부신 빛에 수많은 새들이 눈이 멀어 땅에 충돌하고 만다. 운고계는 구름의 높이를 재는 장치인데, 공항에서는 주기적으로 운고계를 켜 하늘로 빛을 쏘아 올려 구름 높이를 잰다.

날아가는 새들에게 가장 치명적인 위험을 끼치면서도 전혀 그렇게 보이지 않는 것 중 하나는 교외와 시골의 주택에 있는 커다란 유리창들이다. 정원에서 둥지를 틀거나 먹이를 먹는 새들은 유리창에 반사된 크고 작은 나무들을 보고, 그 쪽에도 정원이 있는 줄 알고서 유리창을 향해 돌진한다.

집주인들은 콜린메추라기, 고양이새, 추기경새, 참새, 긴꼬리비둘기 같은 정원의 새들이 이렇게 매년 죽어 가는 것을 막으려 애쓴다. 그들은 유리창 바깥에 거의 눈에 보이지 않는 나일론 그물을 씌운다. 그러면 새들이 창문을 향해 돌진할 때 충격이 완화되어 많은 새들이 살 수 있다. 창문에 챙을 달아 유리창이 낮게 달려 있는 듯 보이게 한 집들도 있다. 그러면 새들은 유리창으로 달려드는 것을 포기한다.

철조망도 인간이 새들에게 가하는 치명적인 위해 중 하나다. 얼마 전에 나는 임금뜸부기 한 마리가 철조망에 붙들렸고, 또 수리부엉이 한 마리가 철조망 가시에 날개가 뒤엉켜 움직이지 못하고 죽었다는 이야기를 들었다.

예전에 내가 「오두본 매거진」의 편집자로 일할 때, 한 여성이 뉴욕 시의 내 사무실로 다친 쇠부엉이를 들고 왔다. 습지를 향해 날아가던 중 어느 집 꼭대기에 세워진 텔레비전

안테나에 한쪽 날개가 찔린 새였다. 쇠부엉이는 날개가 너무 심하게 손상되어 두 번 다시 날 수 없었다. 그 새는 그 뒤 10년 동안 그 집의 애완동물로 살다 죽었다.

하지만 뭐니뭐니 해도 새들에게 가장 큰 위협이 되는 것은 각종 전선들이다. 내 친구는 서부의 한 주에서 전선에 부딪혀 두 날개가 완전히 잘려나간 바다새를 한 마리 발견했다. 미네소타 주에서 한 검독수리는 다른 새를 뒤쫓는 데 너무 열중하다가 그만 전선에 부딪혀 감전되어 죽고 말았다.

나의 매 공주도 어느 날 나를 소스라치게 놀래킨 적이 있다. 탁 트인 벌판에서 매를 날리고 있었는데, 공주가 갑자기 몸을 돌리더니 길가 전봇대 사이에 걸려 있는 전선들을 향해 빠르게 날아갔다. 매는 전선들을 보지 못한 것이 분명했다. 다행히 공주는 깃털 몇 개만 부러졌을 뿐 다치지 않은 채 전선들 사이로 지나갔다. 정말 아슬아슬한 순간이었다.

1965년 3월 24일 아메리카에서 가장 희귀한 새 중 하나인 캘리포니아콘도르 한 마리가 활공 비행을 하다가 고압선에 부딪혀 죽었다. 1965년 11월에는 당시 더 귀했던 새인 미국흰두루미 한 마리가 캔자스 주 러델에서 고압선에 걸려 죽었다. 그 새는 캐나다 북서부에 있는 번식지를 떠나 텍스 동부 해안에 있는 월동지로 이주하는 무리에 속해 있었다.

다행히 모든 새들이 전선에 부딪히는 것은 아니다. 많은

희귀조인 캘리포니아콘도르 한마리가 활공 비행을 하다가 고압선에 부딪혀 죽었다.

새들은 제때에 전선을 보고 피한다. 매일 자기 영토 상공을 날아다니는 새들은 경험을 통해 전선이 어디에 있는지 알아서 잘도 피해 다닌다. 영국의 한 친구는 내게 새와 전선에 관한 아주 흥미로운 이야기를 들려주었다. 그 이야기는 새가 예리한 시력과 공중에서 빠르게 방향을 바꾸는 경이로운 기동력을 지니고 있다는 것을 잘 보여준다.

새매 한 마리가 전속력으로 방울새를 뒤쫓고 있었다. 방울새는 겁에 질려 쩍쩍거리면서 전봇대 사이에 걸려 있는 전선들을 향해 곧장 날아갔다. 전선에 막 부딪히려는 찰나, 방울새는 돌멩이처럼 툭 떨어지더니 바로 밑 정원의 작은 나무에 안전하게 내려앉았다.

방울새를 뒤쫓느라 여념이 없던 새매는 전선을 보지 못하다가 충돌하기 직전에 알아차렸다. 몸이 조각날 위태로운 순간, 다행히도 새매는 곧장 위로 솟구쳤다. 전선 위로 떠오른 새매는 몸을 뒤집었다. 새매는 몇 초 동안 배를 위로 한 채 날아 자신이 왔던 방향으로 돌았다. 그런 다음 몸을 바로 하고 빠르게 날아 사라졌다. 내 영국인 친구는 그 새매처럼 재빨리, 영리하게 몸을 피한 새는 한 번도 본 적이 없다고 말했다. 새매는 순식간에 방향을 바꿔 자신의 목숨을 구했다.

작별 인사

9월의 어느 일요일 아침, 나는 공주를 강가 계곡 벼랑 위
튀어나온 암반으로 데려갔다. 공주가 처음 알에서 깨어났던 바로
그곳으로.

나의 매 공주에게 자유를 줄 날이 다가왔다. 전쟁에 참전하기 위해 징집될 날이 6주도 채 남지 않았고, 가고 나면 언제 돌아올지 기약이 없었다. 공주를 친구들에게 맡길 수는 없었다. 그들은 매를 날리는 법을 모르니까. 매는 아마도 내가 돌아오기를 기다리며 전쟁이 끝날 때까지 홰 위에 그냥 앉아 있을 수밖에 없을 것이다.

공주의 뾰족하고 강한 날개는 매일 하늘의 자유를 만끽하는 연습을 할 필요가 있었다. 그 예리한 검은 눈을 날카롭고 맑은 상태로 유지하려면, 초록 벌판과 숲 위로 높이 올라가 멀리 지평선을 훑어보아야 했다. 수킬로미터에 걸쳐 퍼져 있는 연한 안개를 꿰뚫고 도요와 물떼새가 오락가락하는 활기찬 해변을 훑어보고, 사냥감인 오리들이 떼지어 날아오르는 거무스름한 늪을 살펴보아야 했다.

그래서 나는 9월의 어느 일요일 아침에 공주를 강가 계곡 벼랑 위 암반으로 데려갔다. 공주가 알을 깨고 나온 바로 그곳이었다. 매년 그곳에 둥지를 틀던 부모 매들은 보이지 않았다. 아마 계곡을 따라 멀리 남쪽으로 이주하는 물새들과 제비들을 따라 함께 날아간 모양이었다.

공주와 나는 6년을 함께 지냈다. 그런 내게 공주를 떠나보낸다는 일이 쉬울 리가 없었다. 하지만 공주는 공중에서 자신이 고른 먹이를 낚아채는 능력을 이미 오래 전에 최고로 갈고 닦은 상태였다. 공주는 매가 하루하루 살아가기 위해 알아야 할 모든 비행 기술을 이미 터득했다. 야생 본능도 이미 확연해졌다. 나를 대할 때는 유순했지만, 사냥할 때는 야생의 매와 맞먹는 포악함과 맹렬함을 보였다. 나는 공주가 잘 살아갈 것이라고 확신했다. 이제 공주에게 필요한 것은 더 이상 내가 주는 먹이와 물, 그리고 다른 야생 매가 떠 있는지 푸른 하늘을 훑을 때 가슴 깃털을 쓰다듬으며 부드럽게 말을 건네는 내 우정에 의존하지 않고 진정한 야생 새로 돌아가는 데 필요한 48시간뿐이었다. 처음으로 홀로 야생에서 먹이를 잡아먹는 순간, 공주는 비로소 독립해 스스로 살아갈 수 있게 될 것이다.

나는 공주의 다리에다가 알루미늄 가락지를 단단히 끼웠다. 그 고리에는 인식 번호와 "미국 어류 및 야생동물국에게 신고하시오"라는 글이 새겨져 있었다. 공주가 죽임을 당한다면, 그 고리에 새겨진 인식 번호가 정부에 통보될 것이고, 그러면 나는 나의 매가 어떤 운명을 맞이했는지 알게 될 것이다. 하지만 많은 세월이 흐른 뒤에도, 나는 공주의 운명은 통보받지 못했다.

나는 공주를 풀어 주는 시간을 가능한 한 뒤로 미루었다. 나는 연한 쇠고기를 멀떠구니(모이주머니)가 반쯤 찰 만큼밖에 먹이지 않았다. 내가 풀어 줄 때쯤이면 아주 배가 고플 것이다. 그러면 돌아오는 데 덜 신경을 쓸 것이고, 그것은 나와의 결속을 끊는 데 도움이 될 것이다. 그런 다음 시간이 조금 더 흐르면 공주는 자유에 익숙해질 것이다.

나는 주먹 위에 공주를 올려놓은 채 암벽 꼭대기로 올라갔다. 우리는 함께 밑의 긴 계곡을 내려다보았다. 우리 밑에는 황금빛 들판과 숲이 펼쳐져 있었다. 햇살을 받아 반짝이는 은빛 실 같은 강이 남쪽으로 굽이치고 있었고, 그 너머로 들판과 빛나는 강과 높다란 벼랑들이 9월의 옅은 안개 사이로 스러져갔다.

나는 가위를 들어 공주의 다리에 묶여 있던 젓갖을 잘랐다. 젓갖이 땅으로 떨어졌다. 이제 공주는 완전한 자유의 몸이었다. 공주는 마치 가지 않겠다는 듯이, 노란색의 커다란 갈고리발톱으로 장갑 낀 내 주먹을 꽉 움켜쥐고 있었다. 가벼운 산들바람이 벼랑을 향해 계속 불면서 공주의 가슴을 어루만지는 듯했다. 공주가 날개를 약간 들어올렸다. 나는 공주를 부드럽게 공중으로 던졌다. 공주는 벼랑 너머로 활강해 멀어져갔다. 공주는 빠르게 계곡 위로 가서는 날개를 빠르게 치면서 작은 원을 그리며 점점 위로 올라갔다. 그런 다음 벼랑 아래쪽으로 쏜살같이 하강해 사라졌다.

나는 몸을 돌려 산길을 내려왔다. 나는 공주가 무엇을 할지 알고 있었다. 공주는 아마도 한 시간쯤 기나긴 모험을 떠날 것이다. 그런 다음 다시 돌아와서 내가 서 있던 절벽 위를 맴돌 것이다. 나는 공주가 돌아왔을 때 그곳에 있고 싶지 않았다. 이제 공주는 자유로운 존재였고, 돌아오면 잠시 머물다가 또 사냥을 하러 떠날 것이다.

먹이를 잡아서 먹고 있다면, 멀리서 크게 포효하는 소리가 들릴 것이다. 이주하고 있는 물새들과 제비들과 함께 남쪽으로 계곡을 따라 여행하고 있던 야생 매 한 마리가 우연히 그 옆을 지나칠지 모른다. 그러면 공주는 그 매를 맞이하기 위해 날아오를 것이고, 둘은 함께 그러면서도 제각기 길을 떠나 멀리 지평선에 드리운 푸르스름한 연무 속으로 사라질 것이다.

P.A

새는 어떻게 하늘을 날기 시작했을까?

1861년 독일 바이에른 지방 졸른호펜에서 채석장의 한 인부가 색다른 새의 깃털 화석을 파냈다. 그 해에 같은 채석장에서 인부들은 파충류를 닮은 고대 새의 뼈가 찍힌 불완전한 화석을 발굴했다. 그 화석은 크기가 까마귀만했고, 깃털은 앞서 다른 인부가 발견했던 화석에 찍힌 깃털과 비슷했다.

이 불완전한 골격 화석은 동네 보건소에 근무하는 카를 하벨라인 박사의 손에 들어왔다. 그는 그 화석을 다른 화석들과 함께 런던의 브리티시 박물관에 팔았다. 그 화석을 연구한 과학자들은 그 파충류 같은 새가 담긴 석판이 쥐라기 상층에서 발견되었다는 점을 토대로 그 새가 약 1억 4천만 년 전에 살았다고 결론을 내렸다. 그들은 그 새에게 시조새(*Archaeopteryx lithographica*)라는 이름을 붙였다. "돌에 새겨진 고대의 날개 달린 생물"이라는 의미였다.

그 새는 어떻게 생겼으며, 어떻게 살았을까? 과학자들은 시조새의 뼈 구조를 살펴본 끝에, 그 새가 아마도 숲에서 살았을 것이라고 결론지었다. 화석에 새겨진 날개 깃털들은 오늘날 새의 깃털과 배열이 똑같았으며, 구조도 같았

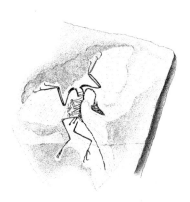

다. 각 날개의 손, 즉 손목 부분에는 첫째날개깃이 8개 붙어 있었다. 또 지금의 새들처럼 팔뚝에 둘째날개깃이 나 있었고, 날개덮깃도 있었다. 하지만 날개의 "손" 부분에는 갈고리발톱이 있었는데 이 점은 파충류와 비슷했다. 그리고 깃털이 달린 긴 꼬리가 있었는데, 도마뱀의 것과 비슷했다.

훼를 움켜쥘 수 있도록 "커다란" 발가락이 다른 세 발가락과 마주보고 나 있다는 점으로 볼 때, 시조새는 숲에서 살았던 것이 분명했다. 하지만 지금의 새들과 달리 뼈 속이 비지 않았고, 힘센 비행 근육이 없으므로 비행 능력이 뛰어나지 못했을 것이 분명하다. 과학자들은 가슴뼈에 용골돌기가 없다는 점을 들어, 시조새가 강한 비행 근육을 지니지 않았다고 확신했다. 지금의 새들이 갖고 있는 이 용골돌기는 새가 날 때 쓰는 커다란 날개 근육이 붙는 부위이다. 시조새는 본래 활공하는 새였다. 하지만 약한 날갯짓으로 숲의 나뭇가지 사이를 날아다녔을지도 모른다. 시조새는 당시의 파충류들처럼 이빨이 나 있었다. 그보다 조금 뒤에 발견된 새들의 화석에도 이빨이 있었다.

깃털이 있다는 점에서 시조새는 아주 원시적이긴 하지만 새였다. 아직까지도 시조새는 알려진 새들 중에 가장 오래된 새이다. 화석으로 발견된 새 중, 두번째로 오래된 것은 시조새보다 약 2천만 년 뒤에 살았던 것으로 추정된다. 이 화석은 1931년 프랑스의 백악기 하층에서 발견되었는데, 홍학을 닮았다. 과학자들은 이 새에게 갈로리니스 스트라일리니(*Gallornis straelini*)라는 이름을 붙였다.

동물학자들은 조류와 파충류의 비교해부학 연구 결과들과 고대 동물들의 화석 증거들을 토대로 삼아, 조류가 파충류에서 진화했다고 확신한다. 또 과학자들은 새와 공룡이 조치류라는 분화가 덜 된 원시 파충류에서 진화했다는 데 전반적으로 동의한다. 조치류는 많은 이빨이 나 있었다. 그리고 앞다리보다 뒷다리가 더 길고 긴 꼬리를 갖고 있어서, 두 발로 땅 위를 달렸을 것이라고 여겨진다. 즉 뒷다리로 서서 달렸을 것이다. 이 고대 동물들이 어떻게 새로 진화했는지 설명하는 이론에는 크게 두 가지가 있다.

1907년 바론 놉처는 『런던 동물학회보』에 발표한 "비행의 기원에 관한 생각들"이라는 논문에서 비행은 꼬리가 긴 두 발로 걷는 파충류에서 시작된 것이라고 주장했다. 그 파충류들은 앞발을 휘저으면서 땅에서 빨리 달렸다. 놉처는 이 곧추선 파충류의 앞발에 달려 있던 비늘들이 시간이 흐르면서 점점 길어지고 뒤쪽 가장자리가 해어져서 결국 깃털로 진화했다고 추론했다.

하지만 게르하르드 헤일만은 《새들의 기원》이라는 책에서 다른 주장을 했다. 땅 위에 살던 새의 조상들에서 나무를 타는 생물이 진화했다는 것이다. 앞발과 뒷발이 크게 차이나기 전이었다. 나뭇가지에서 뛰어다니다 보니 뒷발의 척골과 뒤쪽을 향한 엄지발가락이 길어졌다. 그렇게 되자 이들은 제대로 움켜쥘 수 있게 되었고 기어오르는 데 쓰던 앞발 발가락에는 발톱이 계속 남아 있었다. 날개, 즉 앞다리는 줄어들지 않은 채 그대로 남아 있었다. 곧추서서 두 발로 달리는 쪽으로 진화한 땅을 달리는 새들도 그랬다.

그 결과 각 다리는 각기 다른 용도로 분화하고 적응했다. 뒷다리는 껑충 뛰는 용도로, 앞다리는 나무를 기어오르는 용도로 말이다. 헤일만은 익룡(진화상 새와 관계가 없는 날아다니는 파충류)과 박쥐 같은 나는 포유동물들은 이와 달리 양쪽 다리가 독립적이지 않다고 강조했다. 그런 동물들은 늘어나 접혀 있는 피부를 통해 앞다리와 뒷다리가 연결되어 있다.

또 헤일만은 파충류의 비늘이 날개로 진화한 다음에, 새의 항온성, 즉 "따뜻한 피"가 진화했을 것이라고 믿었다. 항온성은 인간을 비롯한 포유동물에서 볼 수 있듯이 체온이 비교적 일정하게 유지되는 것을 말한다.

독일 고생물학자 한스 보커는 원래 새들이 나뭇가지를 뛰어 건너다닐 때 앞발을 휘저었을 것이라고 주장했다. 하지만 영국의 과학자 게이빈 드 비어는 시조새에게 용골돌기가 없다는 점을 근거로 들어, 새가 날갯짓 비행보다 활공 비행을 먼저 했을 것이라고 보았다.

새의 골격이 온전하게 보존되어 있는 화석은 아주 드물다. 그래도 뼈의 일부가 들어 있는 화석들은 많이 발견되었다. 이 화석들은 대부분 더 크고 두꺼운 날개뼈와 다리뼈, 혹은 새의 날개를 지탱하는 골격 중 일부인 견대 부위를 담고 있다. 다른 척추동물의 화석들에 비해, 새의 화석은 불완전하고 단편적이다. 새의 뼈는 가볍고 약하다. 그래서 쉽게 부서지고 금방 분해된다. 새의 화석은 동굴, 마른 호수, 뻘, 채석장에서 발견되었다..

고고학자 피어스 브로드코브는 시조새가 살았던 1억 4천만 년 전부터 지금까지 150만 종이 넘는 새들이 살았을 것이라고 추정했다. 그 중에 살아남은 것은 고작 1만 종도 안 된다는 것이다.

해거름새. 아비처럼 생긴 날지 못하는 바다새. 백악기에 살았다.

백악기에 살았던 이크티오르니스. 용골돌기가 두드러진 점을 볼 때 강한 비행 근육이 있었을 것이다.

해거름새. 몸길이 약 1.8미터인 날지 못하는 물새. 백악기에 살았다.

비둘기보다 참새와 제비가 더 흔했던 시절이 언제인지 이제는 가물가물하다. 한 십 년쯤 전인가, 여름이면 제비가 전깃줄에 다닥다닥 매달려 있을 무렵에, 머지않아 제비를 보기 힘들어질 것이라고 말했다가, 사람들에게 핀잔을 들은 적이 있었다. 헛소리하지 말라고.

당시 환경 문제를 좀 깊이 생각하던 시기였으므로, 제비가 없어진다는 주장을 뒷받침하기 위해 들었던 논리적 근거들 중에 지금 생각하면 억지 같은 것들도 많았을 법하다. 어쨌든 다행인지 불행인지 내 예언대로 제비는 이제 찾아보기가 힘들어졌다. 그 논리적 근거들이 무엇이었는지 지금은 기억조차 나지 않긴 하지만.

그보다는 오히려 새총이 더 효과가 있었다. 한번은 채소밭에 내려앉아 씨앗을 헤집어먹던 참새들을 쫓아 버리겠다고(그때는 잡겠다는 의도가 전혀 없었다) 그냥 마구 새총을 쏘아댔는데, 어느 덜 떨어진 참새 한 마리가 날아가다가 맞고 말았다. 손바닥에 올려놓으니 참새는 벌벌 떨다가 곧 죽고 말았다. 잡은 참새를 구워먹는 녀석들도 있긴 했지만, 생명을 사랑하는 마음이 아주 강했던(?) 나였는지라, 산비탈에 구멍을 판 뒤 참새를 고이 묻어주었다. 다음 날 가보니 동네 개나 고양이가 알아차리고 꿀꺽 한 듯 무덤이 파헤쳐져 있었다.

당시에는 제비도 많았기에, 둥지에서 떨어진 제비 새끼를 옥수수 수염으로 엉성하게 둥지를 만들어 넣어 지붕에 올려놓은 적도 있었다. 그리고 까치, 까마귀, 딱따구리, 뻐꾸기, 소쩍새도 흔했고, 어슴푸레한 밤하늘을 획하고 날아다니는 새 아닌 새인 박쥐도 흔히 볼 수 있었다.

이 책을 번역하다 보니 그런 새들과 함께 했던 추억들이 하나둘 떠오른다. 하지만 너무나 오랜 만에 떠올리는 기억이다 보니 대부분 가물가물하다. 그리고 아쉬움도 남는다. 당시의 호기심과 즐거움이 세밀한 관찰과 탐구라는 과정으로 이어졌다면 얼마나 좋았을까. 당시에 그런 것들은 그저 장난과 놀이였을 뿐, 과학과는 너무나 거리가 멀었다.

그런 이유도 있기에 이 책을 쓴 저자가 아주 부럽기만 하다. 물론 우리에게도 그 유명한 해동청이 있지만, 너무나 유명해서 그런지 몰라도 우리에게는 매를 키운다는 것이 왠지 아주 어려운 일로 여겨진다. 그와 달리 이 책의 저자는 매를 비롯한 모든 새들에게 친근하게 다가간다. 매를 훈련시키는 모습이나, 매가 나는 모습을 하나하나 관찰하는 모습, 그리고 독수리와 벌새를 비롯한 여러 새들이 나는 모습을 세심하게 지켜보는 장면들을 읽다 보면, 작은 새들뿐 아니라 왠지 무섭게 여겨지는 큰 새들과도 쉽게 친해질 수 있을 것 같만 같다.

이 책에는 여러 새들이 등장한다. 저자가 키우는 매인 '공주'를 비롯한 여러 종류의 매와 독수리, 벌새, 알바트로스, 그리고 물 속을 나는 바다새들. 주변에서 보기 힘든 새들도 있지만, 이 책을 읽다 보면 그런 새들까지도 우리 곁에서 재미있게 놀고 있는 듯이 여겨진다. 한번 새들과 친해 보기를!

찾아보기

독수리들이 V자 모양으로 나는 이유 알아?

매가 까마귀를 잡아먹으려는 순간, 빼돌리는 비법은?

물속에서도 날 수 있는 새는?

새끼 오리가 착지할 때 제일 좋아하는 바람은?

세상에서 제일 빨리 나는 새는?

답은? 이 책에 다 나와 있지요~

날면서 한잠에서 자기도 한다는 새는 누구게?

알을 낳아야만 새가 있다면 누구게?

제일 느리게 나는 새는?